U0870937

飞翔家族

本书由云南省科学技术厅科普专项资金支持出版
项目编号 202404AM350024

昆明城市自然故事

飞羽家族

主编：周修远 廖辰灿

云南科技出版社
·昆明·

图书在版编目（CIP）数据

昆明城市自然故事：飞羽家族 / 周修远，廖辰灿主编. -- 昆明：云南科技出版社，2025. 3. -- ISBN 978-7-5587-6173-7

Ⅰ. Q959.708-49

中国国家版本馆 CIP 数据核字第 20254Z06H5 号

昆明城市自然故事——飞羽家族
KUNMING CHENGSHI ZIRAN GUSHI——FEIYU JIAZU
主编：周修远　廖辰灿

出 版 人：温　翔
策　　划：李　非
责任编辑：代荣恒　苏丽月　赵敏杰　华晓璐
封面设计：李星辰　戴　渊　栗果自然
责任校对：秦永红
责任印制：蒋丽芬

书　　号：ISBN 978-7-5587-6173-7
印　　刷：昆明美林彩印包装有限公司
开　　本：889 mm × 1194 mm　1/20
印　　张：7.75
字　　数：154 千字
版　　次：2025 年 3 月第 1 版
印　　次：2025 年 3 月第 1 次印刷
定　　价：89.00 元

出版发行：云南科技出版社
地　　址：昆明市环城西路 609 号
电　　话：0871-64134521

版权所有 侵权必究

编委会名单

主编

周修远　廖辰灿

副主编

戴　渊　陈静敏　陆建树　沈维劼

编委（排名不分先后）

贺　爽　钟镇阳　张　灿　周紫婧　刘耀娴　施绍蕊

毛　羽　侯悦明　徐瑞晗　李雪燕　李　峰　保昱州

晏子衿　胡书铭

绘图作者

李星辰　戴　渊　周修远　廖辰灿

科学顾问

李维薇　赵江波　杨春燕　王荣兴

科普顾问

孙正海　何　璞　罗　旭　潘　珉

艺术指导

林晓东

本书部分内容获得了大量专家和热心人士的指导和支持，在此表示衷心感谢！

厉　云　范　源　王慧卿　周浙昆　鲁志云　马海龙
张　鹏　李连星　陈思婕　杨　佳　王　溪　沈　欣
张　悦　曹诚博　张　苑　宋文彬　尤信翰　顾壹清
周明颐　沈　晴　杨力颖　王恒腾　萨世诺　张　立

云南栗果自然
云南省城市生物多样性国际研发中心
云南省生态环境宣传教育中心
昆明市生态环境宣传教育中心
云南省动物学会
欧帝生光学
昆明市五华区龙翔小学
中国科学院西双版纳热带植物园哀牢山生态站
中国科学院昆明动物研究所
云南省西南及跨境生物多样性数据信息重点实验室
昆明市五华区科学技术协会
新加坡博物达人工作室（Master Naturalist Pte Ltd）
彼岸艺术机构&美术馆
云南广播电视台“多样星球”数智融媒体工作室

特别鸣谢

著名植物学画家　曾孝濂
中国科学院西双版纳热带植物园研究员　星耀武
分别为本书封面及扉页书名“飞羽家族”题字

序

城市作为人类的聚居地，是伴随人类文明进步而发展起来的，除人类外，还有很多生灵逐渐适应人类的活动而生活在城市中，然而由于繁忙的生活，人们常常忽略了它们的存在。

鸟类是自然生态系统的重要组成部分，对维护生态系统的健康与稳定起着不可替代的作用。鸟类形体优美、羽色艳丽，为其生活的环境带来了生机与活力，是人们了解自然、认识自然、欣赏自然、保护自然的重要对象。有很多鸟类一直陪伴在我们的身边，随着经济社会的发展，越来越多的人逐渐了解了鸟类与人类密不可分的关系，开始欣赏鸟类美丽灵动的身姿，倾听鸟类清脆悦耳的鸣唱，记录鸟类生活中精彩的瞬间，从而兴起了新型的活动——观鸟。

昆明位于云南省中部，具有“东连黔桂通沿海，北经川渝进中原，南下越老达泰柬，西接缅甸连印巴”的独特区位优势。作为生物多样性王国——云南省的省会城市昆明市的鸟类物种同样非常丰富，为人们的观赏提供了便利的条件，尤其是每年如期而至的红嘴鸥，更使昆明观鸟（鸥）活动在国内声名鹊起。

周修远、廖辰灿等依据昆明市及其周边的城市、湿地、森林、荒野四类生境，选取了各生境中常见的鸟类，编撰完成《昆明城市自然故事——飞羽家族》，用通俗易懂的文字讲述了四类生境中常见鸟类的形态特点和活动规律，并配以精美的手绘插图，真实地展示了各种鸟类的特征。在开篇还专门撰写了“观鸟指南”，为初学观鸟者快速识别和掌握观鸟技术，寻找、发现和观察不同生境中的鸟类提供了帮助。同时精美的手绘插图也将提升公众对鸟类的热爱，增强公众的保护意识。通俗易懂的文字所呈现的自然故事，不但可为昆明市民了解身边的鸟类提供帮助，还可为资深观鸟爱好者和专业人士开展科普宣传提供启示。

2024年12月25日十四届全国人大常委会第十三次会议通过了新修订的《中华人民共和国科学技术普及法》，希望该书能为科普工作发挥积极作用。受朋友所邀特此为序。

云南省动物学会理事长

昆明鸟类协会会长

杨晓君

在昆明的你，有没有观鸟？

翻阅手中这本《昆明城市自然故事——飞羽家族》,恍惚间回忆起自己2006年在美国威斯康星州读书期间，逛保护区纪念品商店时的感慨。

我当时因为对观鸟以及由此产生的自然教育感兴趣而到美国学习，所以比较关注美国的自然类书籍的出版情况。在威斯康星州的各种保护区和自然中心，鸟类书籍及鸟类文创衍生品永远占据着重要的位置。仅关于威斯康星州的鸟类，就出版了各种不同类型的图书，有的图书以照片为主，有的图书以绘画为主；有的图书侧重鸟类的辨识，有的图书侧重讲鸟类学相关知识；有的是给孩子看的绘本，有的则是大部头专著。即使现在国内也已经陆续出版了一些与观鸟相关的书籍，其丰富程度和那时候我在威斯康星州看到的相比，仍然有很大差距。

而这本书，恰恰是为了弥补这种差距做出的努力，因此弥足珍贵。

云南鸟类之丰富，在国内乃至国际的观鸟圈有口皆碑。到云南观鸟是国内观鸟者的一件大事，通常需要提前谋划。不过，外地的观鸟者们往往只在昆明市中转，然后直奔高黎贡山、香格里拉、紫溪山、西双版纳等地而去。因为相比这些地方，昆明的鸟种在珍稀度和差异度上不明显，所以对千里迢迢而来的观鸟者吸引力不够。

那为什么还要出版这本书?这就是一个非常有远见的举措了，非常值得说道说道。

和云南丰富的鸟类资源相比，云南的观鸟者却没有那么多，这是一件很遗憾的事。毕竟，当地的鸟由当地的人来欣赏，才是最高的境界。云南的观鸟者从哪里来?首先，当然应该在昆明开始培养。为何?因为这是规律：观鸟人群往往和经济、文化发展水平相适应。昆明作为云南政治、经济、文化的中心，理应是培养云南本土观鸟者群体的重要基地。北京、上海、广州、深圳皆如此，纽约、伦敦、东京也概莫能外。所以，昆明应该是云南本地观鸟者的大本营。从身边的鸟看起，才能产生走向世界的观鸟人。而想要了解身边的鸟，最便捷的方式当然是有一本介绍身边鸟类的书籍。

学会欣赏鸟，是观鸟的第一步；观鸟的最终目的，是关心鸟类的生活境遇，为鸟类保护做些力所能及的事情。我们要关心绿孔雀和白尾梢虹雉，也要关心黄臀鹎和黑头金翅雀，更要关心鸟撞玻璃、流浪猫捕鸟以及鸟类栖息地丧失等问题。我在云南有过近10年的生活经历，其中昆明 2年，西双版纳 8年，就是因为鸟，才把我吸引到云南来的。我在 2000年左右开始接触观鸟，热爱一直不曾退却，也有幸因此目睹了中国观鸟活动的发展变化。在我们这批比较早接触观鸟的人中，流传有这么一个经典的故事，我在此分享给潜在的昆明观鸟者们。

一次，一名观鸟者在野外碰到一群来自国外的观鸟者。大家热情寒暄 。

外国人问：“你是日本人吗 ?”

回答：“不是。”

又问：“你是韩国人吗 ?”

回答：“也不是，我是中国人。”

外国观鸟者非常高兴地说：“太好了，中国的鸟有中国人保护了。”

为什么会有这样的反应 ?也许你一起来观鸟，就能更好地理解了。

上海辰山植物园
研究员
王西敏

前言

人类源自自然，天生对动物有一种亲近感。小朋友们喜欢去动物园，这正是他们对动物好奇与喜爱的最直接表现。然而，禁锢在笼中的动物并非它们本来的模样，人们迫切地希望看到动物们自由的身影，让它们展现最自然的状态。每年冬天，成群的红嘴鸥从西伯利亚飞抵昆明，便成了人们的宠儿，吸引了大量的目光。

事实上，除了红嘴鸥，云南还有丰富的鸟类资源。据统计，云南拥有全国约1400种鸟类中的1000余种，而昆明作为云南的省会，亦是鸟类聚集的宝地，拥有450余种鸟类，约占云南鸟类总数的一半。随着生物多样性保护和生态文明理念的日益深入人心，观鸟逐渐成为人们亲近自然、追求精神享受的一种方式。昆明作为重要的旅游目的地和中转地，吸引着大量的游客前来观光，同时，也吸引了不少在昆明中转的鸟类爱好者。

与此同时，越来越多的本地年轻人和中小学生开始参与观鸟活动。这些活动有的是自发进行的，有的则在学校或教师的引导下逐步开展。每当笔者在本地各大中小学、社区、政府机关单位开展鸟类科普分享活动，或与来自外省的观鸟爱好者交流时，“昆明哪里适合观鸟？”“能看到哪些鸟？”往往是讨论的热点话题。

鉴于这一情况，一本通俗易懂的“昆明观鸟指南”应运而生。这既是为了满足日益增长的观鸟需求，也是为推动生态保护和科普教育的普及，这也是创作这本书的初心所在。

与传统的鸟类图鉴不同，本书在编纂时并未按照鸟类的分类学亲缘关系排序。相反，它聚焦于昆明四大主要生境类型——城市、湿地、森林、荒野。通过梳理这些生境中常见的鸟类，并配以手绘插图和简明易懂的文字，来呈现它们的自然故事。

本书旨在帮助初学者及初次来到昆明的观鸟爱好者快速入门，找到合适的观鸟地点，并通过这本图册了解昆明的常见鸟类。同时，我们也希望通过这本书，激发读者探索周边环境的兴趣，帮助大家理解物种与环境之间复杂而深刻的联系。

20年前，名为《宝可梦》（又译《口袋妖怪》）的动画片风靡一时。主角通过旅行认识各种“宝可梦”，收集成就的过程，与许多观鸟爱好者的经历十分相似。不同鸟类的生存方式各异，对栖息地的需求也各不相同，而观鸟的过程恰似一次逐步认识和理解世界的旅程。有人曾说：“观鸟是一张通往自然的终身门票。”在观鸟圈内，有个有趣的叫法——“老千”，指那些在野外亲眼见过超过 1000种鸟类的人。相信在他们的旅途中，也积累了许多对自然的感悟与理解。

为了让观鸟变得更加有趣，本书在设计上借鉴了《宝可梦》的创意，融入了“收集”的元素。书中为每种鸟类预留了黑白剪影，并配有彩色贴纸。当读者实地观察到某种鸟类时，可以将对应的贴纸贴在剪影上，完成“收集”。这种方式为鸟类观察增添了趣味，也激励初学者逐步成长为“观鸟小百”。对于资深观鸟者，我们也希望书中的鸟类故事能够为他们带来一些新的启发。

本书展示了100种昆明的常见鸟类，更像一本探索性图册，而非传统的鸟类图鉴。它的重点在于讲述鸟类的有趣故事，而非枯燥的特征描述。我们希望，读者能借此书走出家门，在各种生境中探索鸟类，发现更多关于自然的故事。当然，如果读者的探索能够超越鸟类本身，感受到生物与环境之间深刻的联系，那就再好不过了。

著名的植物学画家曾孝濂先生，为本书题写书名“飞羽家族”，给予我们极大的鼓励。最后希望更多的大朋友和小朋友热爱观鸟、热爱自然！

编　者

目录

去哪观鸟？

依据《昆明市生物物种名录》（2021 版）的记录，昆明市是 482 种鸟类的家园。这一数据究竟有多么令人骄傲？云南省有 1000 余种鸟类，而在昆明市，我们能够目睹其中近半数的种类。然而，想要观赏这些鸟类，我们必须精心选择观赏的时机，并前往它们各自的栖息地。

鸟类的栖息地可以划分为城市、湿地、森林、荒野等。这些栖息地既相互联系又各具特色。许多鸟类偏好混合型的栖息环境，而有些鸟类则仅栖息于特定的环境，例如，生活在湿地的鸻鹬类一般不会出现在林间枝头上。每当我们抵达一个新的地点，都可以根据当地的生态环境，初步推断可能栖息的野生鸟类种类。这样做不仅有助于我们根据鸟类分布的规律来规划鸟类观察活动，还可以缩小鉴别种类的范围，从而提高识别效率。

观鸟指南

· 双筒望远镜

· 单筒望远镜

· 与环境相近的着装

观鸟装备：

望远镜、名录、图鉴、笔记本与笔，均为必备之物；如果去陌生的地方，最好带上地图与定位工具；野外着装则需色彩与环境相融，鞋子需舒适且防水，同时别忘了戴上遮阳帽、涂上防晒霜。

如何发现鸟类？

STEP 1

观鸟前先学会低调安静，穿舒适无声的服装，与鸟保持距离，假装自己是一棵树。

STEP 2

先用眼睛仔细寻找鸟类，并把它们身边颜色鲜明或形态特征突出的物体作为参照。在准备使用望远镜时，将望远镜平稳地举至眼前，首先定位到之前选定的参照物，随后根据参照物与鸟类的相对位置，准确地找到并观察鸟类。

譬如：

看到那栋小木屋了吗？喜鹊就在小木屋右边那棵树的根部，靠近水面的地方站着。

进阶技巧——时钟法：

将目标物体视为表盘上的数字，而参照物则作为表盘的中心点，来描述目标物体相对于参照物的具体方向，即位于参照物的几点钟方向。例如，喜鹊当前正栖息于小木屋的 4 点钟方向。

如何辨识鸟类？

在野外准确识别鸟类种类，需综合多种特征线索，才能得出准确答案。

体形大小：

先确认大小，看看是像麻雀（15 厘米）一样小的小鸟，还是像鸽子（30 厘米）一样的中型鸟类，或者跟天鹅（130 厘米）一样大的大鸟。

外形特征：

观察它们的外形特征，可以使用联想的方式来帮助记忆。例如，看起来更像"愤怒的小鸟"或者市场中出售的鸡、鸭等。

羽毛颜色与斑纹：

仔细观察鸟类全身各部位羽毛的颜色，注意它们身上分布的斑纹颜色及形状，并记住分布位置。

喙的特征：

不同类群鸟类的喙形状和颜色差异较大，所以喙也是辨识鸟类的重要线索。

脚的色彩：

观察鸟类足部及跗（fū）跖（zhǐ）的颜色。

鸣声：

认识鸟类的鸣叫声是分辨它们的捷径，但一种鸟类往往不止有一种鸣声。

飞行方式：

无论是顺着气流盘旋还是在空中展翅悬停，不同的鸟类往往会有不同的飞行方式。

行走的姿态：

有的鸟类在地面上喜欢蹦跳前行，有的则蹒跚行走。

观察的季节：

有些鸟类会在不同的季节出没，所以观察的季节也是不可忽视的线索。

栖息环境：

不同生境往往适合不同的鸟类繁衍生息，所以对于鸟类辨识而言，栖息环境也需要加以记录。

只要细心观察记录，通过笔记与图鉴资料的比对，可能很快就知道观察的鸟类叫什么名字；也可能需要继续找机会多观察、多记录，才能得到答案。

鸟类的结构

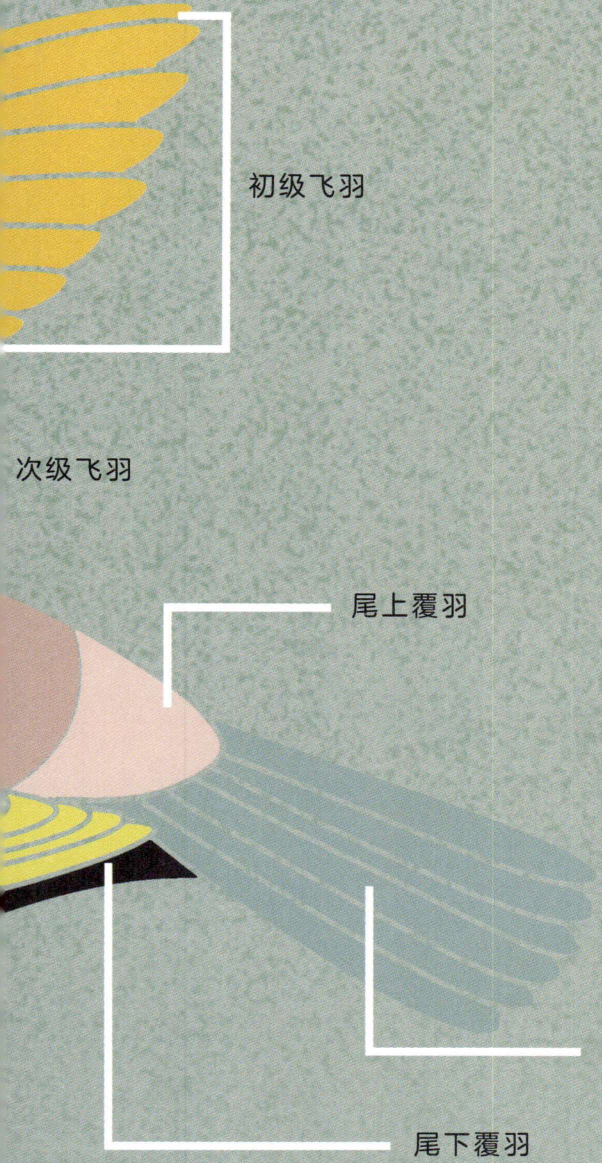

鸟类观察注意事项

安全第一：

在自然环境中观察鸟类时，务必确保自身安全，避免冒险行为。

保持距离：

为了保障鸟类的安全，请保持适当的观察距离。不同鸟种和个体的安全距离不同，请根据实际情况调整，不追不赶。

避免聚集：

减少围观和拍摄人数，避免给鸟类带来不必要的压力和干扰，特别是在繁殖期更应注意。

尊重习性：

尊重鸟类的生活习性，不要打扰它们的正常生活。观察时请保持安静，避免大声喧哗或其他会惊扰鸟类的行为。

图例说明

1. 绿背山雀 —— 中文名
拉丁学名：*Parus monticolus* —— 拉丁学名
英文名：Green-backed Tit —— 英文名

2. 俗名：布谷鸟

俗名仅表示该种鸟在昆明的常用称呼，
昆明以外的地区俗名会有所不同。

3. 常见度表示：

1 2 3 4 5 6 7 8 9 10 11 12

颜色表示一年 12 个月中昆明可以见到它的月份

- 表示常见
- 表示少见
- 表示偶见
- 表示罕见
- 表示极罕见
- 表示基本不可见

4. 该图标表示本页鸟类在该生境中，推荐使用的观察工具。

单筒望远镜

双筒望远镜

5. 表示该鸟类与本书的大小对比，本书的尺寸为 21 厘米 ×21 厘米。

6. ♂ 表示雄鸟　　♀ 表示雌鸟

7. 如果你见到过这种鸟，就给它涂上颜色吧！

你见过它了吗？ 

8. 每个生境开篇中鸟类的剪影，都可以在本书的最后找到它们对应的贴纸，把它们贴上，让这个生境更加丰富吧！

书中相关名词解释

在鸟类学中，关于鸟的身体结构和生态信息，往往会有专有名词指代，其中有些在我们鸟类观察的日常学习、资料查阅过程中会经常遇到。为帮助读者更好地了解它们的含义，特此对本书中出现率较高的一些名词进行简要释义。

繁殖羽：一些鸟类在繁殖期换上的比较鲜艳的羽态。

非繁殖羽：成鸟在非繁殖期的羽态。

雏鸟：出壳后至换上正羽之前阶段的个体，全身裸露或被有绒羽。

幼鸟：雏鸟换上正羽至首次换羽之间阶段的个体，羽色通常较成鸟繁殖羽暗淡。

亚成鸟：有些种类的鸟从幼鸟发育为成鸟要经过多次换羽，这一阶段的个体称为亚成鸟。

成鸟：参与繁殖且具备稳定羽态特征的个体。

翼镜：一些鸟类的次级飞羽常具有漂亮的色彩和金属光泽（鸭类的翼镜非常突出），其与相邻的大覆羽组成的图案常具有种类和性别的特异性，是比较重要的辨识特征。

夏候鸟：春夏季迁来本地繁殖，秋季迁至其他地方越冬的鸟。

冬候鸟：秋冬季迁来本地越冬，次年春季迁至繁殖地的鸟。

旅鸟：迁徙季节途经本地的鸟。

留鸟：一年四季均留在本地的鸟。

鸟在哪儿？

出发吧！去观鸟！

城市篇

城市公园和绿地是新手练习观鸟的理想场所。这些地方交通便捷，风景宜人，且栖息着众多鸟类。和城市的“脉搏”同频，在这些城市公园中，鸟类一般在清晨最为活跃，鸣叫、觅食最为频繁，中午大多数鸟都会隐蔽休息，下午又开始活跃起来，所以在清晨和黄昏观鸟最为适宜。如果是阴雨天，雨后鸟类十分活跃，也是观察的好时段。

以昆明的城市花园——翠湖为例，在这里除能常年观察到的本地留鸟外，夏季时分，人们还能观赏到夏候鸟；春秋季节则可目睹迁徙中的旅鸟。最佳的观鸟季是冬季，许多北方的冬候鸟会飞来此地越冬，其中红嘴鸥成群结队的壮观景象，吸引了无数观鸟爱好者的目光。

推荐观鸟的目的地：

- 翠湖公园
- 黑龙潭公园
- 金殿公园
- 昆明世博园

城市篇

小䴙䴘（pì tī） 俗名：水葫芦

拉丁学名：*Tachybaptus ruficollis*

英文名：Little Grebe

1 2 3 4 5 6 7 8 9 10 11 12

在水边游玩时，我们常常能听到家长对孩子说：“看！水里有小鸭子！”顺着声音一看，水中确实有一只灰褐色的小生物，仔细一看，原来并不是鸭子，而是小䴙䴘。这种鸟在城市的湿地和池塘中非常常见，它们体形较小，体长 23 厘米至 29 厘米，身体形状近似椭圆。在繁殖期，它们会换上黑褐色的外衣以吸引异性，而在非繁殖期则身披浅灰色外套，显得极为低调。尽管它们体形小巧，但一旦受到惊吓，便会展示出“轻功水上漂”的高超技艺，迅速在水面上奔跑一段距离后飞走。此外，小䴙䴘的潜水能力也非常强，能轻松潜入水中捕捉鱼虾。说到潜水，就不得不提它的外号——“王八鸭子”了，因为在潜水时，它的脖子向前伸展，身体呈椭圆形，后肢则从身后露出，如同甲鱼一般。昆明的各大城市公园及小区的水池里，都能找到它们活跃的身影。

你见过它了吗？

黑水鸡 俗名：水秧鸡

拉丁学名：*Gallinula chloropus*

英文名：Common Moorhen

1 2 3 4 5 6 7 8 9 10 11 12

黑水鸡是日常生活中常见的涉禽之一，体长介于30 厘米至 38 厘米。尽管外形类似鸡，名字中也包含“鸡”字，但它实际上是鹤形目的成员，和鹤具有更近的亲缘关系。黑水鸡羽毛光泽黑亮，两肋有宽阔的白色条纹，红色的喙和额甲十分显眼，喙尖呈淡黄色，跗跖和趾部则为黄绿色，胫部上方为红色。它们栖息于水域附近的灌木丛、草丛、芦苇丛以及沼泽和稻田中，主要以水生昆虫、蠕虫、水草、植物嫩芽和嫩叶等为食。黑水鸡擅长游泳，不仅能在水面植物上行走，还能自由游弋于水面，活动时尾巴不停上下摆动，露出尾下覆羽两侧显著的白色部分。在昆明，翠湖公园、滇池周边、昆明植物园、大观楼公园及月牙潭公园等湿地中均可见到它们的身影。

你见过它了吗？

jiū

珠颈斑鸠

俗名：憨斑鸠 / 野鸽子

拉丁学名：*Streptopelia chinensis*

英文名：Spotted Dove

1 2 3 4 5 6 7 8 9 10 11 12

珠颈斑鸠是城市中常见的伴人鸟类，体长 27.5 厘米至 30 厘米，外形与家鸽相似但更为瘦小。它们的上体呈灰褐色，下体为粉褐色，尾羽稍长。最显著的特征是颈后披着一块黑底白点的披肩，这也是其名字中“珠颈”二字的由来。此外，它们经常发出“咕咕——咕——”的叫声，伴有反复鸣叫。

在习性上，珠颈斑鸠通常独自或成对活动，主要在地面觅食植物种子。它们一年可繁殖多次，通常用松散的树枝搭建成盘状鸟巢，也会利用居民楼的花盆和窗台筑巢，因此被戏称为“随地大小蛋”。昆明当地人习惯称珠颈斑鸠为“憨斑鸠”，因为它们生性胆小，受到惊吓时经常匆忙起飞。它们难以辨识现代建筑广泛使用的玻璃幕墙，常因撞击而导致受伤，甚至死亡。如果发现受轻微伤的珠颈斑鸠，可以戴上手套将其放置在室外阴凉处，待其恢复后自行飞离。

你见过它了吗？

山斑鸠（jiū）

俗名：山鸽子 / 大花鸽

拉丁学名：*Streptopelia orientalis*

英文名：Oriental Turtle Dove

1 2 3 4 5 6 7 8 9 10 11 12

昆明滇池周边的农田和金殿后山的农田里，时常可以见到一种外形似鸽子、憨态可掬的鸟类在地面活动。它们常常被人误认为是家鸽。其实不然，它们就是山斑鸠。山斑鸠俗称“山鸽子”“大花鸽”，体长28厘米至36厘米，整体以红棕色为主，翅膀上的羽毛呈现明显的扇贝状花纹，尾羽的颜色较深，接近黑色，尾端颜色稍浅，颈基部两侧各有一块具黑白色条纹的颈斑。山斑鸠主要取食植物种子，有时也食少量浆果。与家鸽相似的是，山斑鸠也会发出“咕咕咕”的啼鸣声，每一声的末尾音调加重，显得浑厚悠扬。当繁殖季节来临，雄鸟会通过频繁地鸣叫、展示亮丽的羽毛，进行炫耀飞行来吸引雌鸟的注意。一旦二者情投意合，它们便会共同完成筑巢、孵卵和抚养幼鸟的工作。这种默契，使得山斑鸠的繁殖过程充满了趣味和温馨。

红嘴鸥（ōu）

俗名：海鸥 / 水鸽子

拉丁学名：*Chroicocephalus ridibundus*

英文名：Black-headed Gull

1 2 3 4 5 6 7 8 9 10 11 12

如同自然界中的季节更替一般，红嘴鸥总是和冬季一起准时到达昆明。它是昆明最常见的冬候鸟，也是昆明最美的一张名片。红嘴鸥体长36厘米至42厘米，洁白的羽毛、红色的喙和足是它们最醒目的特征。它们常常数百只成群聚集在一起活动，昆明的翠湖、大观楼、海埂大坝都很容易找到它们的身影。红嘴鸥喜食鱼、虾、昆虫等食物，也会取食人类投喂的面包等。有研究表明，昆明自然水域内的食物资源足以供给红嘴鸥越冬食用，而人工水域内食物明显

不足。并且取食鱼虾等天然食物的红嘴鸥体重显著高于取食人为投喂食物的个体。由此可以得出结论——红嘴鸥进城接受投喂只是为了偷懒。当春季来临的时候，成年红嘴鸥便会纷纷换上婚嫁的“头纱”——头部黑色的繁殖羽。当越来越多的红嘴鸥戴上爱情的黑色小帽时，便意味着它们就要飞回北方进行繁殖了。

ōu

棕头鸥

拉丁学名：*Chroicocephalus brunnicephalus*

英文名：Brown-headed Gull

1 2 3 4 5 6 7 8 9 10 11 12

在昆明过冬的鸥类里，除常见的红嘴鸥外，还有数量不多的其他鸥类，不仔细观察很难发现它们，棕头鸥便是其中一员。棕头鸥体长40厘米至46厘米，比红嘴鸥略大一些。除了体形略有差异，二者最明显的辨识点在于虹膜的颜色。红嘴鸥的虹膜颜色为褐色，眼珠呈黑色，整体看起来黑黑的、圆圆的。成年棕头鸥的虹膜则为白色，显得眼神凶悍得多。此外，二者飞羽上的黑色斑块形状也不一样。成年棕头鸥飞行时，能看见翼末端为黑色，且外侧两枚初级飞羽上各有一枚明显的白色次端斑。亚成体棕头鸥虽然虹膜不显白，但飞行时也可见到翼末端有大面积的

繁殖羽

黑色部分，从而可与红嘴鸥加以区分。昆明的棕头鸥相对红嘴鸥而言数量较少，要是能在红嘴鸥的浪潮中找到混杂其中的棕头鸥，也是一件快乐的事呢。

夜鹭（lù）

拉丁学名：*Nycticorax nycticorax*

英文名：Black-crowned Night Heron

1 2 3 4 5 6 7 8 9 10 11 12

夜鹭是一种常见的城市涉禽，体长 58 厘米至 65 厘米。成鸟的头顶、上背和肩羽呈现沉稳的黑色，而颈侧和胸部则披覆着洁白的羽毛。后枕部有两条白色的带状冠羽，好似大自然赋予它们的特别标记。它们的翅膀和尾羽为柔和的灰色，与黑色的背部形成鲜明的对比。婚羽时期，夜鹭的跗跖和趾由黄色转变成鲜艳的红色。它们昼夜均可捕食，以鱼、虾和水生昆虫等动物性食物为食。作为出色的猎手，夜鹭在黄昏后常会分散成小群，沿水边涉水觅食，或静静伫立在水中的树桩或枝头，耐心等待猎物的出现。受到惊扰时，它们会迅速飞离，并发出粗犷的鸣叫声。每年夏季，夜鹭会在高大的树上筑巢，巢由枯枝和草茎构成。在昆明的翠湖公园、滇池周边湿地、大观楼公园，以及盘龙江沿岸等地，全年都能见到它们的身影。

池鹭(lù)

俗名：花鹭鸶 / 飞白落黑

拉丁学名：*Ardeola bacchus*

英文名：Chinese Pond Heron

1	2	3	4	5	6	7	8	9	10	11	12

池鹭是一种中小型涉禽，体长 42 厘米至 52 厘米。繁殖期时，其头颈部呈栗红色，背部覆盖黑色的发状蓑羽，肩羽为赭褐色，前胸则有栗红、黑色和赭褐色相间的矛状长羽；下背、腰部、尾上覆羽、尾羽、双翅及下体大部分为白色。幼鸟期及非繁殖羽时期，头颈和前胸布满黄色与黑色交错的纵纹，背羽为赭褐色，其余部分则为白色。由于飞行时有显眼的白色飞羽，民间常称其为“花鹭鸶”或“飞白落黑”。池鹭通常单独或成小群活动在沼泽、稻田、鱼塘、湖泊和河流的浅水区域，其食物主要包括小鱼、蟹、虾、蛙和各种昆虫，也会取食稻谷等植物性食物。它们对人类并不十分畏惧，常接近人类居住区。在昆明的翠湖公园、滇池周边湿地、大观楼公园及盘龙江沿岸等地，我们常可看到它们的身影。

你见过它了吗?

苍鹭（lù） 俗名：老等

拉丁学名：*Ardea cinerea*

英文名：Grey Heron

1 2 3 4 5 6 7 8 9 10 11 12

苍鹭是一种体长介于 92 厘米至 99 厘米的大型涉禽，雄雌羽色相似。成鸟的前额和冠羽为白色，头顶至后枕的冠羽则为亮黑色，特长的两条黑色冠羽形似辫子；头侧和颈部呈白色，微带灰色；背部、体侧、翼覆羽及尾羽呈烟灰色；肩羽特别长，羽端松散下垂；颏和喉部为纯白色，下喉中央有一条黑色纵纹延伸至上胸，形成黑白相间的矛状长羽。眼先裸皮呈绿色，喙为淡黄色。在婚羽时期，喙和胫跗会变为红紫色。苍鹭性情安静，常独自在湖泊、河流和水塘边缘的浅滩以及沼泽地觅食，捕食鱼、虾、昆虫及其他小动物。在冬季和迁徙时，它们也常集成大群活动。捕猎时，苍鹭常在水边长时间静立，耐心等待猎物靠近，因此又有“老等”的别称。飞翔时，苍鹭的颈部呈“之”字形，双脚向后平伸。夜晚则在高大树木间群栖，极少鸣叫。在昆明的各大湿地公园均可观察到它们的身影。

你见过它了吗？

lù
白鹭 俗名：鹭鸶

拉丁学名：*Egretta garzetta*

英文名：Little Egret

1 2 3 4 5 6 7 8 9 10 11 12

白鹭是一种中型涉禽，体长 55 厘米至 68 厘米，是我们周围最常见的水鸟之一。它们的羽毛均为白色，与黑色的跗跖和黄色的趾形成鲜明对比。冬羽时，下喙基部及眼先皮肤呈黄绿色；繁殖前期，眼先皮肤和趾变为粉红色；进入繁殖期后，眼先皮肤转为蓝色，趾恢复为黄色。此外，在繁殖期，白鹭的喙会变为黑色，枕部长出两根带状长羽，悬垂于后颈，前胸和背部则被蓑羽覆盖，背部的羽枝松散且延长至尾端。繁殖期结束后，这些独特的羽毛渐渐褪去，白鹭恢复平常状态。它们主要栖息于河流、坝塘的茫泽滩及水田中，以小鱼、虾和昆虫等小动物为食，同时也摄取少量水草等植物性食物。在觅食期间，白鹭不仅紧盯水面主动出击，还会在水下抖动黄色的趾，以惊吓藏匿在水中的鱼虾，展现出有趣的觅食行为。在昆明的各大湿地公园及小区池塘中，白鹭的身影几乎全年可见。

普通鵟（kuáng） 俗名：老豹 / 老鹰

拉丁学名：*Buteo japonicus*

英文名：Eastern Buzzard

1 2 3 4 5 6 7 8 9 10 11 12

普通鵟是一种中型猛禽，体长 42 厘米至 54 厘米。雌雄外形相似，虹膜为暗褐色，喙呈灰黑色，蜡膜和脚部为黄色，且为裸足。成鸟的头部呈暗褐色，带有暗色纵纹；上体主要为暗褐色，下体则以暗褐色或淡褐色为主。五翼指，初级飞羽基部颜色较淡，形成明显的浅色翼窗。雄鸟的胫羽密布暗褐色横斑。普通鵟的头颈粗短，翼宽，整体轮廓显得圆胖，似乎不够灵活迅捷。然而，它们是位于食物链顶端的捕猎者，猎物包括野兔、鼠类、小鸟、蛇、蜥蜴、蛙类以及家禽，俗话所说的“饿老鹰叼小鸡”现象多由它们所致。在捕猎时，它们具有悬空停留的习性，飞行时翅膀微微抬起，呈浅“V”字形，尾羽则常展开如扇形。它们喜欢停栖于山区、田坝，以及乡村或城市中的乔木和建筑物突出部位。作为昆明的冬候鸟，每年春、冬季节，三尖山、西山公园及滇池周边湿地常可见到它们的身影。

你见过它了吗？

灰林鸮（xiāo）

俗名：猫头鹰

拉丁学名：*Strix aluco*

英文名：Tawny Owl

1 2 3 4 5 6 7 8 9 10 11 12

灰林鸮是一种中型猫头鹰，体长 37 厘米至 40 厘米，属于国家二级保护野生动物。它们具有明显的圆形面盘，头顶两侧无耳羽簇。全身羽色为浅棕黄色或灰色，上体布满暗褐色虫蠹状斑纹，呈现斑杂状；下体则带有粗大显著的黑褐色纵纹以及狭窄的暗褐色虫蠹状横纹，散布着白色斑点。灰林鸮通常单独或成对栖息在沟谷阔叶林、农耕地及居民区的树林中。作为夜行性鸟类，它们白天通常栖息在靠近树干、树叶浓密的粗枝上，黄昏和夜晚则出外活动和觅食。它们主要捕食啮齿类动物，也会猎捕小鸟、青蛙和昆虫等。进食时，灰林鸮往往将整只猎物囫囵吞下，随后将不易消化的部分，如毛发和骨头形成的食丸吐出，堆积在树下。在昆明有的村落周边、公园、大学校园及黑林铺等地，全年均可见到它们的活动踪迹。

白胸翡(fěi)翠　俗名：大翠

拉丁学名：*Halcyon smyrnensis*

英文名：White-throated Kingfisher

1 2 3 4 5 6 7 8 9 10 11 12

白胸翡翠是一种体形略大的翠鸟，体长 26 厘米至 29 厘米。它的喙和脚均为朱砂般的鲜红色，头颈和腹部为栗色，胸部雪白。最夺目的蓝色分布在它的上背、翅膀及尾部。当白胸翡翠掠过水面时，犹如一颗蓝色的宝石般闪闪发光。白胸翡翠通常单独活动在池塘、水库、稻田、鱼塘、沼泽等湿地环境中，常停歇于水边的电线及枝干上等待猎物。白胸翡翠作为肉食性的鸟儿，不仅是捕鱼高手，还会捕食一些小型的蜥蜴、蛙类来给自己换换口味，有时，它们甚至会捕食小龙虾，然后不久后便会呕出红色“龙虾壳”裹成的食丸。如果想要观察到它们，只要细心地在昆明周边的湿地里寻觅，一般都能发现它们靓丽的身影。

普通翠鸟 俗名：小翠 / 钓鱼郎

拉丁学名：*Alcedo atthis*

英文名：Common Kingfisher

1 2 3 4 5 6 7 8 9 10 11 12

我们走进湿地环境，偶尔会在不经意间瞥见一道蓝色身影如闪电般掠过水面，转瞬潜入水中又疾飞而出。这大概便是普通翠鸟了。普通翠鸟是一种小型翠鸟，体长 15 厘米至 17 厘米。它的两翼呈深蓝色，背部则有条状的金属浅蓝色，腹部为橙棕色。区分雌雄也很简单：雄性的喙部全黑，而雌性则是上喙黑、下喙橘。它们虽体形娇小，却极为灵活，常栖息于湖泊、河流沿岸的枝头伺机捕鱼，在昆明民间又被称为“小翠”或“钓鱼郎”。它们捕到小鱼，并不会立即吞食，而是会先用力敲打，确保鱼儿不再挣扎后，再从头部顺着吞咽。提到捕鱼，不得不提它们的求偶行为。在繁殖前期，雄鸟为了赢得雌鸟的芳心，会向对方献上精心捕获的渔获。这种行为既是求爱仪式，也彰显其捕猎能力。在昆明许多具有水域的城市公园里，都能见到它们的身影。

棕背伯劳

拉丁学名：*Lanius schach*

英文名：Long-tailed Shrike

1 2 3 4 5 6 7 8 9 10 11 12

棕背伯劳是一种中小型鸣禽，体长 20 厘米至 25 厘米。头部侧面有宽阔的黑纹，头顶至上背根据亚种不同呈灰色或黑色。肩羽、下背及尾上覆羽为深棕色，翅和尾为黑色，下体通常为浅棕白色，两性相似。

作为鸣禽之一，棕背伯劳叫声洪亮，具有出色的效鸣能力，能模仿其他鸟类的声音。同时，它们性情凶猛，属于食肉性鸟，不仅捕食昆虫，也会猎捕小鸟、蛙和小型啮齿类动物。由于腿部力量不足，它们将捕获的猎物穿在尖锐木刺上以展示和固定，因此又被称为“鸟中屠夫”。生境选择上，棕背伯劳常栖息在开阔的平原、丘陵和低山地区，常在农田、村旁、林缘和河谷等地的乔木、灌木顶端或电线上停歇，随时张望寻觅猎物。在昆明的西山公园、大观楼公园、翠湖公园等城市公园及一些绿地小区中，均可观察到它们的身影。

灰喜鹊（què）

拉丁学名：*Cyanopica cyanus*

英文名：Azure-winged Magpie

1 2 3 4 5 6 7 8 9 10 11 12

灰喜鹊是一种中型鸣禽，体长 3[illegible] 厘米至 40 厘米。它们头部仿佛佩戴着黑色的头套，身披灰色羽毛，翅膀和尾羽则为醒目的蓝色。在昆明市中心的许多公园中，我们常能见到它们的身影。值得一提的是，云南省内最初并没有灰喜鹊的自然分布。那么，它们又是如何来到昆明的呢？实际上，这些灰喜鹊是人为引入的。1988 年，昆明动物园从北京引进灰喜鹊，以供游客观赏。直到 1991 年 9 月释放，共计放归了 16 只成鸟。这些灰喜鹊很快适应了昆明的新环境，开始繁殖后代并扩展生活区域，逐渐在昆明市内形成了稳定的分布。作为聪明的鸦科鸟类，灰喜鹊善于利用人类留下的食物残渣果腹。此外，它们成群活动的习性也使得它们能够及时发现潜在危险并共同抵御敌害，这也是它们能够迅速适应新环境的重要原因之一。

tún bēi

黄臀鹎 俗名：老倌雀

拉丁学名：*Pycnonotus xanthorrhous*

英文名：Brown-breasted Bulbul

1 2 3 4 5 6 7 8 9 10 11 12

黄臀鹎是昆明城区最常见的林鸟之一，其体长 19 厘米至 21 厘米。黄臀鹎头冠部分像一顶倒三角形的黑色小帽子，尾下覆羽则是鲜亮的黄色，这也是它名字里“黄臀”二字的由来。这种中等体形的小鸟可谓鸟中“社牛”，喜欢伫立在显眼的枝头，有时还会观察你一会儿，是一种可以近距离观察的鸟类。同时，黄臀鹎也是一个十足的“吃货”，无论是刚成熟的柿子，还是海棠树的果子，又或是密密麻麻盘旋在空中的蚊群，它都可以大快朵颐。习性上，它们常常三五只结伴同行，路过哪儿，哪儿就响起一片清脆明亮的鸟鸣。在昆明，无论是城市公园，还是有一定绿化的小区，甚至行道树上都能看到它们的身影。作为典型的伴人种鸟类，黄臀鹎悦耳的鸣叫声和欢闹的模样，已然融入这座城市多数居民的生活记忆。

你见过它了吗？

白喉红臀鹎（tún bēi） 俗名：黑头公

拉丁学名：*Pycnonotus aurigaster*

英文名：Sooty-headed Bulbul

1 2 3 4 5 6 7 8 9 10 11 12

白喉红臀鹎俗称“黑头公”，体长 19 厘米至 21 厘米，是昆明典型的伴人种鸟类。其体羽特征鲜明：上体灰褐色，胸腹部乳白色；喙基延伸至后枕部形成具金属光泽的黑色头冠。面部羽色层次分明——眼先、眼周及颊部呈黑褐色，耳羽前黑褐后灰褐。喉部呈现上黑下白的渐变色。尾下覆羽为鲜红色，尾羽暗褐色带白色端斑，飞行时尤为醒目。白喉红臀鹎生性活泼喧闹，昆明城区全年可见，偏好栖息于居民区绿地和城市公园。食物以植物果实、种子为主，兼食鳞翅目、膜翅目及直翅目昆虫。过去，该物种曾被视为黑喉红臀鹎的地理亚种，如今已被认定为独立物种，尽管白喉红臀鹎的喉部为污白色，并没有字面意义上那么白，但与黑喉红臀鹎相比，明显更白，因此得名“白喉”。

家燕

俗名：拙燕 / 小燕子

拉丁学名：*Hirundo rustica*

英文名：Barn Swallow

1 2 3 4 5 6 7 8 9 10 11 12

燕子在生活中随处可见，它们成群飞翔于村庄、田野、水面和城市上空，灵活迅捷，善于捕捉飞虫。在常见的燕子中，一部分是家燕，这是一种体长 17 厘米至 19 厘米的小型鸣禽，上体蓝黑色，略带金属光泽，前额至喉部为红色，有蓝黑色胸带，腹部则是白色。作为常见的伴人鸟，家燕喜欢在屋檐下筑巢，以躲避风雨。提到燕子，很多人首先想到的是燕窝，但并非所有燕窝都可食用。食用燕窝是指金丝燕用唾液和其他物质混合筑成的巢，而家燕的巢则是用泥土和唾液混合而成的，显然不可食用。家燕的巢呈碗状，相较于同样在屋檐下筑巢的金腰燕，显得更为简陋。民间普遍认为家燕到来筑巢会给家庭带来好运，因此人们不仅不会伤害家燕，还会在屋檐下钉三根钉子，以吸引它们前来筑巢。

你见过它了吗？

金腰燕 俗名：巧燕

拉丁学名：*Cecropis daurica*

英文名：Red-rumped Swallow

1 2 3 4 5 6 7 8 9 10 11 12

金腰燕是我们日常生活中常见的一种燕子，体长16 厘米至 20 厘米，雌雄羽色相似，身体呈流线形，具有狭长的翅膀和有长而深分叉的尾羽，飞行技艺相当出色。它们的头部和背部闪烁着深蓝色的金属光泽，颈侧有明显的栗色，胸腹部洁白且点缀着细黑纹，而腰部则以显眼的栗黄色腰带为标志。

作为伴人鸟类，金腰燕常在人类建筑的屋檐下营巢繁殖。与家燕相似，它们的巢穴同样由亲鸟共同用泥土筑成，但金腰燕的巢穴更为精巧，呈瓶状，有别于家燕的简单半碗状结构。这一特征使民间将家燕称为“拙燕”，而金腰燕则被称为“巧燕”。有时，金腰燕的旧巢会被麻雀利用。当其巢口露出干枯的草叶时，就意味着这一现象已经发生了。“梁上有双燕，翩翩雄与雌。衔泥两椽间，一巢生四儿。四儿日夜长，索食声孜孜。” 这首诗真实地描绘了金腰燕辛勤抚育后代的情景。因此，在繁殖季节，屋檐下的金腰燕往往也是观察鸟类行为的绝佳对象。

红头长尾山雀

拉丁学名：*Aegithalos concinnus*

英文名：Black-throated Bushtit

1 2 3 4 5 6 7 8 9 10 11 12

可爱的小熊猫人人皆知，有一种小鸟的配色和小熊猫十分相似，它就是在昆明极为常见的红头长尾山雀。这种小可爱体长只有 9 厘米至 12 厘米，脑袋和胸部均为红棕色，也被人叫作“红宝宝儿”。此外，就像它的英文名字一样，红头长尾山雀成鸟在喉咙部位还有一块显著的黑色斑块，极易识别。红头长尾山雀生性活泼，极少长时间停歇在一处。行动时常常结成 10 余只的小群活动，也会与其他小型鸟类组成混合取食集团，在枝叶间跳跃翻飞着觅食。红头长尾山雀常常一边觅食一边小声鸣叫，发出“吱——吱——吱——”的声响。红头长尾山雀体形小巧，食物以动物性食物为主，主食鳞翅目、鞘翅目和膜翅目的多种昆虫，偶尔取食少量浆果。由于它们实在太活泼了，想静静地观察它们一会儿可不是件容易的事情。

你见过它了吗？

北红尾鸲（qú） 俗名：火燕

拉丁学名：*Phoenicurus auroreus*

英文名：Daurian Redstart

1 2 3 4 5 6 7 8 9 10 11 12

北红尾鸲俗称“火燕”，这一名称主要是源于其腹部鲜艳如火的颜色。雄性成鸟自额部至后颈为灰白色，背部及翅为黑色且翅上有一块独特的白斑，犹如眼睛，这种特殊的标记大大增加了它们的识别度。北红尾鸲体长 13 厘米至 15 厘米，比成年人的手掌还要小。虽然体形娇小，但却能在树林的枝杈间轻盈地穿行与跳跃。它们主要栖息于林缘、河谷、村庄等环境，也喜欢在城市公园附近活动，主要以小型节肢动物为食。北红尾鸲的筑巢习性颇有趣味，它们不仅会在丛林等自然环境中筑巢，还会利用一些人造建筑的缝隙营巢，例如墙壁破洞、顶棚空隙，甚至废弃的烧水壶等。这种对环境的灵活适应能力展现了北红尾鸲的聪明才智和生存策略。想要在昆明观察北红尾鸲，可以选择一些绿植丰富的公园，如黑龙潭公园、西山公园及植物园等。

戴胜

dài

俗名：屎咕咕 / 啄木鸟

拉丁学名：*Upupa epops*

英文名：Common Hoopoe

1 2 3 4 5 6 7 8 9 10 11 12

戴胜体长 25 厘米至 31 厘米，羽毛色彩鲜艳，雌雄鸟外观相似。最引人注目的是头顶上那长长的棕色扇状冠羽，通常折叠倒伏，但当戴胜感到兴奋或受到惊吓时，冠羽便会像打开的折扇一样竖起。它们的喙细长且下弯，能够轻松插入土中翻找蠕虫。当找到虫子后，戴胜会猛地甩头将虫子抛起，然后张嘴接住。戴胜常单独或成对活动于开阔地带，如草坪、农田和荒野等地方。繁殖季节，它们会在树洞、岩石缝隙或断墙残垣的窟窿中筑巢，雌鸟负责孵化，雄鸟负责觅食。有趣的是，戴胜并不清理巢中的积累物和粪便，而是利用这股臭气来保护自己免受捕食者的侵害，因此它们也被称为“屎咕咕”。在昆明的城市街道、公园、校园以及居民住宅区的绿地草坪上，全年都能见到它们的身影。

白颊噪鹛(méi)

俗名：土画眉 / 烂叶子雀

拉丁学名：*Garrulax sannio*

英文名：White-browed Laughingthrush

1 2 3 4 5 6 7 8 9 10 11 12

白颊噪鹛，俗称“土画眉”或“烂叶子雀”，体长 22 厘米至 24 厘米。雌雄同色，眉纹纯白，眼先和颊部呈白色或米黄色，眼后至耳羽是栗褐色。头顶和额部为栗红褐色，头顶羽毛稍长，形成短羽冠；上体为棕褐色，上胸呈棕栗色，至下胸和腹部渐变为棕黄色，腹部则为亮黄色，尾下覆羽为橙黄色。白颊噪鹛喜欢群居，叫声喧闹而响亮，栖息于低山丘陵、河谷及溪流边缘地区。它们是杂食性鸟，主要以各种昆虫和植物果实、种子为食。在非繁殖期，白颊噪鹛通常以小群体活动，常在林下灌丛中觅食或在地面翻动落叶觅食。在昆明的绿地公园、校园绿化带以及一些小区内都能遇见白颊噪鹛。清晨或傍晚时分通常是观察它们的最佳时机。通过细心倾听与留心观察，便能发现这种有趣的鸟。

蓝翅希鹛(méi)

拉丁学名：*Siva cyanouroptera*

英文名：Blue-winged Minla

1 2 3 4 5 6 7 8 9 10 11 12

蓝翅希鹛是一种小型鸣禽，体长 14 厘米至 15.5 厘米。它们头顶为灰褐色，杂有淡蓝色纵纹，上体和尾上覆羽为赭褐色。尾羽从背部看时，中央近灰色，外缘为黑色；从腹部看时，中央呈白色，边缘为黑色。初级飞羽表面为蓝色，眉纹和眼周为白色，颏至上胸为淡灰色，腹部中央和尾下覆羽为白色，体侧为淡灰色。初见蓝翅希鹛，人们会被它那如宝石般璀璨的羽毛所吸引。它们的羽毛，就像是大自然的调色板，从中可以窥见天空的蓝、山川的灰，以及它们心中那团不灭的火焰。它们是活跃的精灵，无时无刻不在舞动。它们主要栖息于海拔 600 米至 2550 米的常绿阔叶林、针阔叶混交林、山坡灌丛、林下灌丛甚至村寨附近的经济林中。常成对或结成小群活动，有时也与其他鸟类混群，大多活动于灌丛或较高的乔木上部，取食各类昆虫，也兼食浆果、嫩叶、花等。在昆明各大城市公园内，全年都有机会与它们相遇。

你见过它了吗？

灰椋鸟 俗名：土八哥

liáng

拉丁学名：*Spodiopsar cineraceus*

英文名：White-cheeked Starling

1 2 3 4 5 6 7 8 9 10 11 12

灰椋鸟体形中等，体长 19 厘米至 23 厘米，喙及跗跖、爪均为橙黄色且喙尖端黑色，面部两侧就如其英文名一样为白色，腹中下部和尾上覆羽均为白色。通体主要为灰褐色，因而得名灰椋鸟。每年春夏时节，成对的灰椋鸟会寻找天然树洞或其他鸟废弃的树洞筑巢其中，共同营造温馨的巢穴以繁衍后代。当雏鸟孵化后，亲鸟会不断地外出觅食，带回各种昆虫、果实等食物以满足雏鸟的需求。在育雏方面，灰椋鸟付出了巨大的辛劳和耐心，展现出了无私的母爱和父爱，堪称动物界的模范父母。昆明地区是灰椋鸟长期栖息的地方性留鸟，近年来由于人们保护意识的增强及生态环境的逐年改善，如今在靠近滇池的林缘（如宝丰湿地）等处均可发现它们结群活动的踪迹。

白鹡鸰（jí líng） 俗名：点水雀

拉丁学名：*Motacilla alba*

英文名：White Wagtail

1 2 3 4 5 6 7 8 9 10 11 12

白鹡鸰，俗称“点水雀”，羽翼颜色黑白相间，似京剧中张飞的脸谱，所以也被称为“张飞鸟”。其体长 17 厘米至 20 厘米，白白的面颊上镶着两颗圆润的黑眼睛，头顶的黑羽如梳理整齐的黑发般延展向背部，胸前的黑色斑块与纯白色的腹部形成鲜明的对比。白鹡鸰全身羽毛只有黑白两色，白色比例稍大，双翼外侧有一条均匀而窄的黑边，而尾巴外侧则是白色的窄边，仿佛细心的造物主精心给它设计的别致花边。白鹡鸰大部分时间在地面活动，较少上树，行动时不像麻雀那样并脚跳跃，而是以很高的频率步行。它们有上下摆动长长的尾巴的习性，给人一种精力充沛、心情愉悦的感觉。当其受惊飞起时，常常发出轻柔的“唧唧”叫声，飞行姿势十分有特点，忽上忽下，呈波浪形。公园里、水塘边，只要留心观察，往往就能见到它们的身影。

你见过它了吗？

鹊鸲（qú） 俗名：猪屎雀 / 四喜

拉丁学名：*Copsychus saularis*

英文名：Oriental Magpie Robin

1 2 3 4 5 6 7 8 9 10 11 12

清晨时分，滇池海埂公园和黑龙潭公园都是观鸟的好去处，幸运的话，你可以观察到鹊鸲在公园内活动，与其他鸟类共同构成了一幅生动的自然画面。鹊鸲体长 19 厘米至 22 厘米，它的喙粗健而直，羽毛颜色以黑白为主，黑黝黝的身体上有一道靓丽的白色斑带，黑白两色相得益彰，显得非常端庄而又不失风度。尽管鹊鸲是一种优雅的鸟类，但人们却给它们起了“屎坑雀”“猪屎雀”等俗名。这名称看似不太雅致，实则恰好反映了它们的习性。可别误会，鹊鸲可不喜欢“吃屎”，它们的主食是各种昆虫。只是恰好在猪圈和茅坑附近活动的昆虫相对较多，鹊鸲选择在这些地方寻觅食物而已。鹊鸲也是我国著名的鸣禽，胆大且不惧人，不论四季晨昏，高兴时都会在树枝或大厦外墙上鸣唱，因此在我国又有“四喜”之称。

黄腰柳莺（yīng） 俗名：绿豆雀

拉丁学名：*Phylloscopus proregulus*

英文名：Pallas's Leaf Warbler

1 2 3 4 5 6 7 8 9 10 11 12

“婉转轻吟，缠绵独绘，绿浪藏春倩影移。”这句优美的诗句，映照出一只灵动的小鸟，它便是黄腰柳莺。这个小家伙体长仅 9 厘米至 10 厘米，成鸟整体呈橄榄绿色，头顶、眉间、腰部等处有黄色条纹或斑块，犹如一片小小的黄绿色叶子，在密林的枝叶间翩翩起舞。

别看黄腰柳莺的个头小，它的鸣叫声洪亮有力，且婉转圆润，数十米外都能清晰听见。这个小小的歌唱家身手敏捷又好动，常常刚发现它，还来不及举起望远镜，它便已飞至另一个枝丫上。它们喜欢单独或成对活动，在林冠层中穿梭跳跃，有时还会与其他小型雀鸟混群觅食。黄腰柳莺主要以昆虫为食，春季常常可以观察到它们小小的身体叼着肥美虫子的有趣场景。在昆明的翠湖公园、西华公园等城市公园都是观察它们的理想场所。

你见过它了吗？

灰腹绣眼鸟 俗名：绿豆雀

拉丁学名：*Zosterops palpebrosus*

英文名：Oriental White-eye

1 2 3 4 5 6 7 8 9 10 11 12

灰腹绣眼鸟，俗称绿豆雀，体长10厘米至11厘米。它的眼周有显著的白色眼圈，眼先及眼圈下方为黑色，颏部至上胸为鲜黄色。上体整体呈黄绿色，腹部呈均匀的灰色，部分个体的腹部中轴有一道狭窄的黄色条带。灰腹绣眼鸟与暗绿绣眼鸟外观相似，主要区别在于前者的头部更黄，且头部与黄色喉部的色差不明显；而后者头部的黄色较淡，整体呈绿色，头部与喉部的色差显著。灰腹绣眼鸟性格活泼，常与其他小型鸟类组成觅食群体，在枝杈间活动，主要觅食花蜜、浆果和各类小型无脊椎动物。由于它们性格温顺，并且觅食时常发出悦耳的鸣声，因此，此起彼伏的灰腹绣眼鸟鸣声常代表丰富的食物与安全感，可以起到招引其他小型鸟类的作用。在昆明的翠湖公园、西华园和昙华寺公园等地均可见到灰腹绣眼鸟的身影，每年冬季樱花盛开时节，更是观赏它们的绝佳时机。

麻雀 俗名：小谷雀

拉丁学名：*Passer montanus*

英文名：Eurasian Tree Sparrow

1 2 3 4 5 6 7 8 9 10 11 12

麻雀又名树麻雀，俗称“瓦雀”“家雀”“老家贼”等，体长 12 厘米至 15 厘米。雌雄同色，喉部黑色，上体以栗棕色为主，具白色颈环。最引人注目的是它们两侧白色脸颊上各有一枚黑斑，犹如精心涂抹的“腮黑”，这也是它们区别于昆明其他麻雀（如山麻雀）的最显著特征。

麻雀作为我们身边最熟悉、最常见的伴人种鸟类，喜欢聚集在人居地周边栖息繁衍，以人们掉落的各类食物残渣为食。不仅如此，在城市和村镇中“打拼”的它们，在营巢时也会巧妙地利用人居建筑，例如选择房屋的空调洞、废弃烟道、建筑缝隙、电表箱等搭建巢穴，有时甚至会强占金腰燕的旧巢。麻雀的巢往往由大量枯草和内衬羽毛构成，部分个体还会利用艾草等芳香植物来驱赶寄生虫。虽然其主要以植物种子为食，但在繁殖期间也会大量捕食各类昆虫用于育雏，对农业害虫起到了一定的防治作用。

你见过它了吗？

黑胸鸫

dōng

拉丁学名：*Turdus dissimilis*

英文名：Black-breasted Thrush

1 2 3 4 5 6 7 8 9 10 11 12

位于昆明主城区的黑龙潭公园内时常可遇到黑胸鸫，它们与人类相处得十分和谐，有时甚至会在人类活动的区域觅食，这为观鸟爱好者提供了良好的观鸟环境。黑胸鸫属于中型鸟类，体长 22 厘米至 34 厘米。雌雄异色，雄鸟头部、颈部和胸部均为黑色，上体为暗灰色，下体则呈现出醒目的橙棕色，喙与腿脚均为蜡黄色。雌鸟的上体则为橄榄褐色，颏、喉及上胸部分呈白色，具有黑色斑点，其余部分与雄鸟相似。值得一提的是，黑胸鸫雄鸟的叫声十分清脆悦耳。这得益于它们高度发达的鸣管和鸣肌，使得它们能够发出婉转的歌声。这些鸣唱既能帮助它们识别同类、保卫领地，又能展示让它们自身优势用以吸引配偶。这些聪慧的生灵与我们毗邻而居，为春城生态系统注入灵动生机。

小白腰雨燕

拉丁学名：*Apus nipalensis*

英文名：House Swift

1 2 3 4 5 6 7 8 9 10 11 12

小白腰雨燕是昆明常见的鸟类，体长 11 厘米至 15 厘米。其额、头顶、后颈和头侧为灰褐色，背和尾呈黑褐色。喉部和腰部为醒目的白色，尾巴为平尾而非燕尾，只是中央略有内凹。翅膀呈镰刀状，它非常善于在高空快速飞行，且在飞行中常常快速振翅并发出尖细的单音节叫声，声音似“矶——矶——矶——”。

在分类上，小白腰雨燕隶属于雨燕目雨燕科，与雀形目燕科鸟类极为相似，这是因为它们均需长时间地在空中飞翔捕食飞虫，故而在长相上趋同进化为类似的模样。但其作为攀禽的一员，脚短且弱，四趾均向前生长。这一特点使得它们更善于攀附在崖壁上爬行，而难以在地面上行走和站立。故而其大部分时间都在空中飞行，极少落地，因此又被称为“一生都在飞”的鸟类。昆明的西山、滇池周边、翠湖公园等地都有它们活动的记录。

你见过它了吗？

观鸟小TIPS

在户外观赏鸟类，仿佛一场寻找飞羽精灵的探险之旅。为了不打扰这些“小家伙”，我们在户外观鸟时通常会与它们保持一定的距离，使用望远镜或长焦相机进行观察。如果它们表现出紧张，开始四处张望，发出警告的鸣叫，甚至准备振翅高飞，我们就需要悄悄地藏身于树丛或岩石之后，或者轻声后退几步，继续我们宁静地观察。这样，我们既能欣赏到鸟类的优雅姿态，又能确保它们栖息地的安宁不受打扰。

观鸟，这项与自然亲密接触的活动，呼吁我们对环境给予更多的关爱。在户外进行观鸟活动时，建议随身携带垃圾袋，将产生的所有垃圾彻底清理并带走。特别要注意食物包装等废弃物，因为这些垃圾可能会被鸟类误食，对其消化系统构成威胁。

湿地篇

湿地是众多水鸟理想的栖息地和繁殖场所。它不仅为水鸟提供了丰富的食物资源和多样的栖息环境，而且在候鸟迁徙过程中也扮演着至关重要的“中转站”角色。鸟类对湿地的适应也反映在它们的身体结构上：长腿的涉禽可以在浅水区觅食。相对地，游禽则更倾向于在较深的水域中活动。

推荐观鸟的目的地：

滇池沿岸湿地

嘉丽泽湿地（嵩明县）

湿地篇

绿头鸭 俗名：野鸭 / 大绿头鸭

拉丁学名：*Anas platyrhynchos*

英文名：Mallard

1 2 3 4 5 6 7 8 9 10 11 12

绿头鸭是昆明各大湿地湖泊中常见的野生鸭类，为家鸭的直系祖先，成年体长约 60 厘米。其雌雄二型性特征显著：雄性成鸟颈部具白色环状羽带，头部呈现带有金属光泽的翠绿色，在不同角度光线下可折射出蓝紫色虹彩；雌鸟通体棕褐色，羽色近似常见的小麻鸭，这种隐蔽性羽色有助于繁殖期的巢区保护。尤为有趣的是，绿头鸭的喙部特征极具辨识度，橙黄色的喙部与黑色鼻孔形成强烈对比，喙部末端带有黑色斑点，整体造型酷似卡通化的黄色小狐狸。这个独特形象一旦被认知，便会在观者眼中定格成永远戴着狐狸面具的可爱形象。在昆明观察绿头鸭十分便利，夏季可前往滇池湖滨湿地，在芦苇丛生的水塘中，常能发现它们带着雏鸭悄然游弋的身影；冬季则可在滇池开阔水域，观察到成群的越冬群体。

你见过它了吗？

针尾鸭 俗名：尖尾鸭

拉丁学名：*Anas acuta*

英文名：Northern Pintail

1 2 3 4 5 6 7 8 9 10 11 12

针尾鸭是昆明冬季各大湿地水域内相对少见的越冬水鸟，一般每年 11 月飞至昆明，次年 3 月飞离。针尾鸭体长 50 厘米至 65 厘米，雄鸟头部至后颈为深褐色，胸部为白色且白色细线上延至颈侧，腰部具黄白色斑块，臀部为黑色，尾羽为黑色且中央尾羽甚长，宛如一根细长的针，这也是其名字中“针尾”二字的由来。因针尾鸭的外表与我们一般印象里的鸭子有显著不同，如果在昆明的湿地见到它，你一定会被它独特的外表所惊艳。

习性上，针尾鸭常和其他鸭类混群，白昼活动在宽阔的明水面区域，晨昏时则移动至浅水区取食水生植物与螺类等食物。针尾鸭性格机警，受到惊扰会迅速起飞，且飞行迅速。因此，在观察它时，需要注意尽可能避免对其造成干扰。

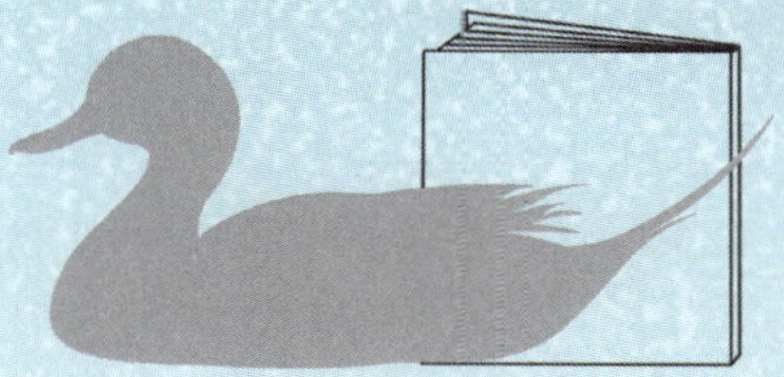

斑嘴鸭 俗名：大麻鸭

拉丁学名：*Anas zonorhyncha*

英文名: Eastern Spot-billed Duck

1 2 3 4 5 6 7 8 9 10 11 12

斑嘴鸭是昆明夏季水田和小池塘里的常客，它们体长约 60 厘米，在黑色的喙部尖端有明显的黄色斑块，故而得名斑嘴鸭。和昆明常见的其他鸭子相比，例如绿头鸭、赤膀鸭、罗纹鸭等喜欢聚集在宽敞开阔水域取食沉水植物等不同，斑嘴鸭不喜欢大面积的明亮宽敞水域，而是喜欢芦苇遍布的小池塘或少有人迹的农田等地，三五只成群地在其中取食。因此，如果哪天，我们在某个小池塘里突然看到因受惊吓而飞窜而起的鸭子，不必惊慌，多半就是斑嘴鸭了。

你见过它了吗?

bǎng

赤膀鸭

俗名：野鸭子

拉丁学名：*Mareca strepera*

英文名：Gadwall

1 2 3 4 5 6 7 8 9 10 11 12

每年秋冬时节，在昆明的各大湿地总会涌现大批的鸭子前来越冬，而在这些鸭群里，赤膀鸭是最大的一个群体，十分常见。赤膀鸭一般体长 45 厘米至 57 厘米，全身以黑灰色为主。雄性赤膀鸭和羽毛颜色艳丽的绿头鸭、赤麻鸭相比显得十分低调，不过当它从水面飞起的时候，白色的翼镜及栗色的覆羽倒是很醒目，这也是它们的主要特征之一。赤膀鸭虽善于游泳，但并不擅长潜入水中。它们以水生植物为主食，在水边常常可以见到它们头朝下、尾朝上倒栽在水中觅食的情景。冬季是赤膀鸭繁殖的季节，雄性赤膀鸭常常吹着“口哨”，张开双翅在水面追逐灰麻色的雌鸟表达爱意，这时候雄鸟翅膀上栗红色的块斑才能显露出来。

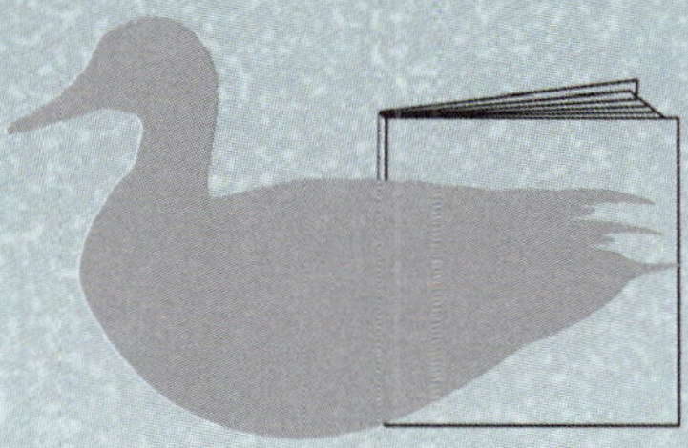

青头潜鸭 俗名：水葫芦

拉丁学名：*Aythya baeri*

英文名：Baer's Pochard

1 2 3 4 5 6 7 8 9 10 11 12

青头潜鸭被誉为鸟类中的“大熊猫”，这并非意指其羽色是黑白两色，而是指它们现存数量极度稀少，偶遇它们实属难得。它们体长 42 厘米至 47 厘米，常与外形相似的白眼潜鸭混群活动。区别于后者的是，青头潜鸭头部在阳光下会泛出有青铜质感的光泽，腹侧具白棕相间的条纹，宛如肋骨斑纹。行为上，青头潜鸭具有较为特殊的不完全巢寄生行为，雌鸟偶尔将卵产在其他鸭类的巢穴中，由宿主代行孵化育雏工作。尽管历史上青头潜鸭曾是常见水禽，但因多重因素影响，其全球种群数量在近几十年内大幅度减少，2021 年被我国正式列为国家一级重点保护野生动物。在昆明的东大河湿地近年科考中曾记录到其越冬踪迹，这一发现为高原湿地生态系统保护提供了重要依据。

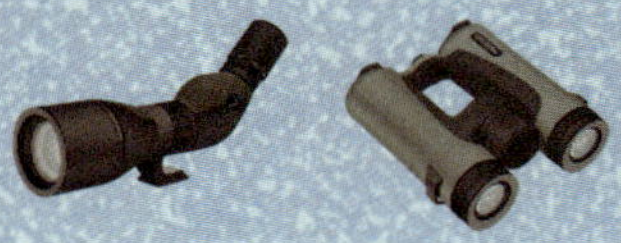

凤头鸊鷉（pì tī）

俗名：凤头水葫芦

拉丁学名：*Podiceps cristatus*

英文名：Great Crested Grebe

1 2 3 4 5 6 7 8 9 10 11 12

凤头鸊鷉体长 45 厘米至 51 厘米，是鸊鷉家族中的大个子。雌雄鸟外形相似，最显著的特征是耳后至颈部如狮子鬃毛般的棕黑色饰羽。虽然凤头鸊鷉不擅长行走，但它们在游泳和潜水方面的能力十分出色。每到繁殖期，雌雄鸊鷉就会在水面上翩翩起舞，强壮的脚蹼不停踩水，使上半身高高立起，二者对视，不时点头，有时嘴里还衔着植物。它们还会并排而立，双脚快速踩水，优雅地在水面上并行。它们主要以鱼、虾、水生昆虫及部分水生植物为食，常常潜入水中捕捉猎物。繁殖期时，凤头鸊鷉会选择在芦苇或蒲草中修建浮巢，巢随水位的变化而上下浮动。雏鸟出壳后，雌雄亲鸟共同喂养，并让幼雏伏在亲鸟背上出游。有趣的是，亲鸟有时还会喂给雏鸟羽毛，以防鱼刺伤害其稚嫩的肠胃。在昆明，每年冬季，滇池周边湿地都能发现它们的身影。

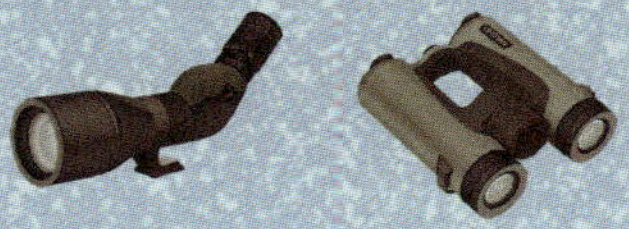

zhuī

扇尾沙锥

拉丁学名：*Gallinago gallinago*

英文名：Common Snipe

1 2 3 4 5 6 7 8 9 10 11 12

扇尾沙锥是一种常见于湿地环境的中等体形鸻鹬，体长 24 厘米至 29 厘米，整体呈褐色，头部有贯穿背部的条纹，背部呈深褐色，腹部则为白色。从远处看，它在水边淤泥中站立时，仿佛穿着一身“吉利服”，极难被人注意到。扇尾沙锥尾羽展开后状似扇子，因此得名“扇尾”。而它细长的嘴巴也是其重要的辨识特征，长度几乎是头长的 1.6 倍至 2 倍，这也使它能够方便地将嘴插入泥土中寻觅食物。扇尾沙锥通常在晨昏时分活动，白天则藏起来休息。如果受到惊吓，它会立刻蹲下，利用其“吉利服”来进行隐蔽。而当危险逼近时，它会突然起飞，在低空迅速飞走，这时，其翼下覆羽的白色区域和翼缘的白色部分才会显露。值得一提的是，英文单词“狙击手（sniper）”源于“沙锥（snipe）”一词，历史上被用来形容那些能猎捕沙锥的神枪手。

尾羽形态

彩鹮

huán

拉丁学名：*Plegadis falcinellus*

英文名：Glossy Ibis

1 2 3 4 5 6 7 8 9 10 11 12

彩鹮是国家一级重点保护鸟类， 体长 48 厘米至 66 厘米，体色斑斓，腿部修长。其面部裸露，喙部细长且微微向下弯曲，状如精巧的镰刀。前颊两侧至前额，细腻地勾勒着白色至浅蓝色的线条。彩鹮的羽毛以栗紫色为主，间或闪烁着绿色的金属光泽，宛如披挂着一身华贵的铠甲。然而，若仔细观察，你会发现这身铠甲在阳光下竟能呈现出深栗色、翠绿色、青铜色和紫罗兰色等多种绚丽色彩，熠熠生辉。当它们悠闲地在水面上漫步时，宛如身着绫罗绸缎的贵公子，美得令人心醉。

彩鹮主要栖息于温暖的河湖、水塘、沼泽和海岸湿地，它们热爱群居生活，常常与其他鹮类、鹭类结伴而行，共同觅食，甚至筑巢。彩鹮主要以水生昆虫、甲壳类等小型无脊椎动物为食。在觅食时，彩鹮会巧妙地将喙伸进泥水中探寻食物，展现出一种独特的生存智慧。

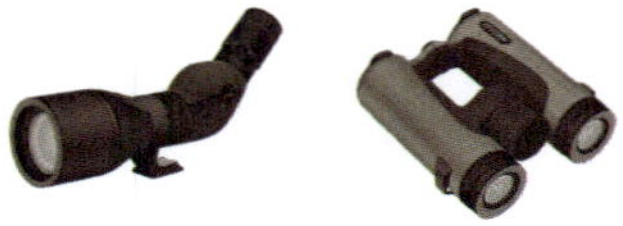

yù

黑翅长脚鹬

拉丁学名：*Himantopus himantopus*

英文名：Black-winged Stilt

1 2 3 4 5 6 7 8 9 10 11 12

春冬季节，在昆明的湿地滩涂上，有一位“仙子”在优雅踱步，它就是黑翅长脚鹬。黑翅长脚鹬体长 35 厘米至 40 厘米，头部为黑色，部分个体头部全白，颈及腹部为白色。它们的双翅为深黑色，泛着金属绿的光泽，这与其洁白的身体形成了鲜明的对比。在这黑白的强烈对比中，又延伸出两条粉色的“长腿”，极具特色。黑翅长脚鹬常常优雅地漫步在水田、湖泊、滩涂及沼泽边，俯身觅食，利用其细长的黑色鸟喙探索躲在淤泥中的水生昆虫、蠕虫或软体动物，也食水生植物种子。繁殖季节到来时，雄鸟便身着黑白礼服、踩着粉色的高跷在水中翩翩起舞，用迷人的舞姿吸引雌鸟，由此得到了“高跷舞者”的绝美称号。这位贵宾在昆明可不常见，需要耐心寻觅。

你见过它了吗？

蓝翡翠 俗名：大翠 / 蓝鱼狗

fěi

拉丁学名：*Halcyon pileata*

英文名：Black-capped Kingfisher

1 2 3 4 5 6 7 8 9 10 11 12

迁徙季在昆明滇池周边湿地偶尔可见到戴“白围脖”、身着“蓝礼服”、头顶“小黑帽”，貌如绅士的美丽鸟儿，它便是蓝翡翠，民间俗称“蓝鱼狗”。蓝翡翠体长 26 厘米至 31 厘米，以黑色头羽为主要特征，颈、胸部具有较宽白色环，翼上覆羽为黑色，上体其余部分为艳丽的蓝紫色，下体则为橙棕色，喙、脚均为珊瑚红色。蓝翡翠的飞行速度极快，飞行时显见白色翼斑，喜欢在沼泽、池塘、小溪等水域附近活动，主要以小鱼、虾、蟹和水生昆虫等水栖动物为食。它们可是捕鱼高手，觅食时，它们会长时间停歇于电线或较为稀疏的树枝上专注地盯着水面。一旦发现猎物，它们便如同闪电一般急冲而下，猛地扎入水中捕获猎物。出水时也动作迅猛，溅起一片水花，紧接着重新飞回电线或树枝上静静等待下一次猎物出现。

灰头麦鸡

拉丁学名：*Vanellus cinereus*

英文名：Grey-headed Lapwing

1 2 3 4 5 6 7 8 9 10 11 12

灰头麦鸡是一种中型涉禽，体长 34 厘米至 37 厘米。尽管其名字中包含“鸡”字，实际上它与鸡形目鸟类并无亲缘关系，而是属于鸻形目鸻科的麦鸡属。其喙呈亮黄色，喙尖为黑色，眼周有黄色肉垂，虹膜为红色。头部、颈部及前胸均为均匀的灰色，胸口具有明显的黑色胸带，背羽则为淡赭褐色。腹部为白色，尾上覆羽和尾羽皆为白色，尾羽具宽阔的黑色次端斑；初级飞羽呈黑色，次级飞羽为白色，飞行时非常引人注目。在生活习性上，灰头麦鸡常常单独或成小群栖息于水域附近的沼泽、草地和农田等环境，取食昆虫、软体动物及杂草种子。在迁徙时，它们通常会结成超过十只的小群共同迁移。在繁殖期，灰头麦鸡表现得十分凶猛，当巢区附近出现潜在威胁的人类或动物时，它们会立即起飞，盘旋并大声鸣叫，以驱赶入侵者。如果想在昆明观察到这种鸟类，可以选择在迁徙季节前往郊区湿地寻找。

你见过它了吗？

红胸田鸡　俗名：小秧鸡

拉丁学名：*Zapornia fusca*

英文名：Ruddy-breasted Crake

1 2 3 **4 5 6 7 8** 9 10 11 12

红胸田鸡是体长 19 厘米至 23 厘米的小型涉禽，属鹤形目秧鸡科。其形态特征鲜明：背部呈橄榄褐色，头侧及胸腹部为栗红色，铅灰色喙与绛红色修长跗跖形成鲜明对比。该物种虽以“田鸡”为名，但分类学上与两栖纲侧褶蛙属并无亲缘关系，与鸟纲鸡形目之间也相去甚远，其类鸡形态实为适应稻田、湖滨等高草湿地生境的趋同进化结果。由于它们体形较小，在昆明，该物种也被民间称为“小秧鸡”。它们主要活动于晨昏时段，昼间隐匿于芦苇丛等密生植被内，黄昏始出觅食，行为谨慎且易受惊扰。观测时可于晨昏时分守候在东大河湿地、斗南湿地等区域的浅水区边缘，待其确认安全后方可见其沿植被边缘缓行觅食。

白胸苦恶鸟 俗名：长脚秧鸡

拉丁学名：*Amaurornis phoenicurus*

英文名：White-breasted Waterhen

1 2 3 4 5 6 7 8 9 10 11 12

白胸苦恶鸟是湿地常见的鸟类之一，体长 28 厘米至 33 厘米，昆明当地俗称其为“长脚秧鸡”。其头顶至上体为黑色、前额至上腹部为白色，下腹及尾下为棕黄色。喙为黄绿色，上喙基部具红色额甲。春夏之间，昆明的湿地附近往往能听到单调、重复且嘹亮的“苦恶、苦恶”声，这种极具特色的声音便是由它们发出的。人们依据其白色胸脯以及鸣声，将其命名为“白胸苦恶鸟”。在昆明想要见到它们并不困难，许多城市公园甚至小区内生长着高草丛的小水池都能成为它们的栖息场所。它们通常在晨昏时分独自或成对活动，沿着湿地周边觅食各类昆虫及植物果实。白胸苦恶鸟生性机警，一有风吹草动便会快步跑入灌丛和芦苇丛中进行躲藏。如果我们想要观察这些鸟，只需平时留心倾听它们的声音，选择晨昏时分前往湿地，静静观察即可，通常都能找到它们的踪迹。

jī　yù

矶鹬

拉丁学名：*Actitis hypoleucos*

英文名：Common Sandpiper

1 2 3 4 5 6 7 8 9 10 11 12

矶鹬体长 16 厘米至 22 厘米，是云南的一种常见水鸟。除夏季外，每年均能在波光粼粼的湖泊、宁静的水库和清澈的水塘边见到它们。其上体为温暖的褐色，下体则洁白如雪，眼睛周围巧妙地描绘着白色和黑色的过眼纹，仿佛大自然的精巧画作。在矶鹬的翼前，肩部的位置有一条清晰的白色“小肩带”，为它们增添了几分俏皮与可爱。它们喜欢独自活动，身体灵活异常，常在水边快速奔跑。停歇时，矶鹬的“小屁屁”会不断地上下摆动。行走时，它们步履缓慢而轻盈，常常悠闲地在水边寻觅鳞翅目、鞘翅目等昆虫。一旦遇到危险，它们会立即反应，弹出弯弓般的翅膀，迅速起飞。此时，你会惊奇地发现，它们的羽翼上露出一条醒目白色横纹，与尾羽外侧的白色相连，别具特色，仿佛是大自然赋予它们的独特印记。

黄斑苇鳽（jiān） 俗名：黄秧鸡

拉丁学名：*Ixobrychus sinensis*

英文名：Yellow Bittern

1 2 3 4 5 6 7 8 9 10 11 12

黄斑苇鳽，俗称黄秧鸡、水骆驼、小老和黄小鹭，体长30厘米至40厘米。成鸟的顶冠为黑色，上体呈淡黄褐色，下体为皮黄色。飞行时，黑色的飞羽与皮黄色的覆羽形成鲜明对比。作为一种嘴长、腿长、脖子长且身形扁薄的鹭科鸟，黄斑苇鳽常显得鬼鬼祟祟，喜欢藏身于芦苇丛中。捕猎时，黄斑苇鳽全身绷紧，脖子像弹簧一样缩起，一旦发现小鱼或小虾，这根“弹簧”便会迅速弹开，尖嘴犹如子弹般迅速出击，瞬间捕获猎物。它们性格谨慎，通常不会远离植物，因为它们的体色与周围的枯草相似，能够很好地借助植物伪装自己。一旦遇到危险，黄斑苇鳽就会采取“仰头望天，一动不动”的策略，利用其纤细的身体和斑纹模拟周围的芦苇，如果入侵者进一步接近，它们便会迅速起飞逃离。在昆明夏季的湿地公园，常能看到黄斑苇鳽的身影，给人们带来乐趣与惊喜。

你见过它了吗？

噪苇莺（yīng）

俗名：苇呱呱

拉丁学名：*Acrocephalus stentoreus*

英文名：Clamorous Reed Warbler

1 2 3 4 5 6 7 8 9 10 11 12

噪苇莺是一种中小型鸣禽，体长 18 厘米至 20 厘米。它们的上体呈橄榄棕褐色，眉纹为淡黄白色；下体则为皮黄白色，尾下覆羽为皮黄色。噪苇莺常以单独或成对的方式活动于高原湖泊、沼泽地及河滩的芦苇丛中，它们动作灵敏，擅长在灌丛和草丛中穿梭，不易被人察觉。然而，在繁殖期，它们变得极为活跃，常常站在芦苇或其他水草与灌木的顶端，长时间鸣叫。尤其在清晨和黄昏，它们常立于芦苇顶端大声发出“呱呱叽，呱呱叽”的鸣声。这种鸣叫不仅是它们的求偶方式之一，也是它们宣示领地的重要手段。在食物方面，噪苇莺主要以昆虫及其幼虫为食，同时也捕食其他小型无脊椎动物。每年的 3—7 月是它们的繁殖期，它们通常在水域附近的芦苇丛或蒲草中筑巢繁衍后代，其巢常被大杜鹃寄生。在昆明，夏季前往滇池周边湿地，往往能见到它们的身影。

jí líng

黄头鹡鸰

俗名：点水雀

拉丁学名：*Motacilla citreola*

英文名：Citrine Wagtail

1 2 3 4 5 6 7 8 9 10 11 12

黄头鹡鸰是昆明常见的湿地鸟类之一，体长 16 厘米至 20 厘米，体形较为纤细。雄鸟的头部鲜黄色，背部为黑色或灰色，有时后颈黄色部分下方会有一条黑色窄领环，腰部呈暗灰色。雌鸟和幼鸟的耳羽部分为灰色，但耳羽与枕部并不相连，这也是区分它们与其他鹡鸰科鸟类的重要特征。作为湿地鸟类，黄头鹡鸰主要栖息于湖畔、河边、农田、草地及沼泽等湿地生境，通常在地面活动。它们性格活泼，常单独行动，但在迁徙季节也会聚集成大群，共同栖息。休息时，它们习惯性地上下摆动尾部，这是所有鹡鸰科鸟类的标志性动作。当受到惊扰时，黄头鹡鸰会迅速小跑躲避，或直接展翅飞起，以波浪般的轨迹飞走，同时发出“唧唧”的鸣叫声。在昆明，春冬季节前往湿地公园，沿水边小道仔细观察荷叶和大薸等水生植物，往往能发现黄头鹡鸰的身影。

jí líng
灰鹡鸰 俗名：点水雀

拉丁学名：*Motacilla cinerea*

英文名：Gray Wagtail

1 2 3 4 5 6 7 8 9 10 11 12

灰鹡鸰是体长 16 厘米至 18 厘米的小型鸣禽，其羽色特征鲜明：前额至背部呈灰色，白色眉纹与颚纹构成面部的特征性条纹；腰部及尾上覆羽为橄榄黄色，下体自胸至尾下覆羽呈明黄色。繁殖期时，成年雄鸟的颏、喉及上胸部分则悄然变化为黑色。它们偏好近水环境，主要活动于溪流、湖泊、沼泽等湿地生境，以昆虫为主要食物。遇到惊扰时，灰鹡鸰会迅速起飞，飞行轨迹呈波浪状。而当它们沿水域地面快速行走时，尾部持续上下摆动的样子，也为其赢得了“点水雀”的亲切称号。灰鹡鸰作为昆明湿地生态系统中较为常见的冬候鸟，冬季时节，各大湿地公园里都能看到它们的身影。

纯色山鹪莺

jiāo

俗名：长尾雀

拉丁学名：*Prinia inornata*

英文名：Plain Prinia

1 2 3 4 5 6 7 8 9 10 11 12

漫步于湿地公园或田野时，若发现狗尾草或芦苇顶端栖立着一只拖着长尾巴的绒球状小鸟，它很可能便是纯色山鹪莺。这种体长 11 厘米至 15 厘米的小型鸣禽通体呈棕褐色，背部颜色较深，下体为灰白色缀以淡黄褐色，尾羽十分修长。雌雄鸟在外观上极为相似，但喙部存在细微差异：雄鸟的喙近乎全黑，仅基部微露粉肉色；雌鸟的下喙基部为粉肉色，并延伸过半。非繁殖期，两性的喙色均变淡，但相对颜色比例保持不变，同时腹部黄褐色加深，尾羽长度增加——这一特征恰与长尾缝叶莺不同，后者雄鸟在繁殖期具特化延长的中央尾羽，使整体尾羽长度增加。纯色山鹪莺性格活泼，不甚畏人，可缓慢接近进行近距离观察。它们虽然体形小巧，但常昂首立于枝头，发出急促而响亮的鸣声，因而较易被发现。在昆明各湖泊湿地的挺水植物丛中，常能见到它们捕食昆虫的身影。

你见过它了吗？

大杜鹃（juān） 俗名：布谷鸟

拉丁学名：*Cuculus canorus*

英文名：Common Cuckoo

1 2 3 4 5 6 7 8 9 10 11 12

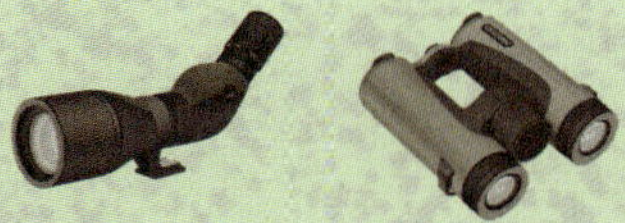

大杜鹃，俗称“布谷鸟”，体长32厘米至35厘米，是昆明常见的夏候鸟。布谷鸟之名源于其独特且易辨识的叫声——“布谷”。大杜鹃具有显著的巢寄生特征，会将自己的卵产在其他鸟类的巢中，雏鸟破壳后便将巢内其他卵和雏鸟推出巢外，独占所有食物资源。在春夏之际，滇池周边的湿地常能听到噪苇莺“呱呱叽”的叫声，它们是大杜鹃进行巢寄生的宿主之一。想在昆明观察大杜鹃，春夏季节前往滇池，顺着噪苇莺的声音，就很可能遇见大杜鹃。当大杜鹃的雏鸟羽翼丰满，巢穴已无法容纳它们硕大的身体时，它们常常停歇在巢穴附近的树枝上继续接受养亲鸟的喂养，这也是观察它们的好机会。虽然大杜鹃的巢寄生行为看似残酷，但这是它们在漫长的自然演化中形成的生存策略，我们不应以人类的道德标准来评判它们。

你见过它了吗？

红尾水鸲（qú）

俗名：蓝石青儿 / 溪红尾鸲

拉丁学名：*Rhyacornis fuliginosa*

英文名：Plumbeous Water Redstart

1 2 3 4 5 6 7 8 9 10 11 12

红尾水鸲，俗称蓝石青儿、溪红尾鸲等，是一种体长 12 厘米至 13 厘米的鸟类。雌雄异色，雄鸟整体呈暗蓝灰色，飞羽为黑褐色，尾羽则闪耀着亮丽的赭红色，极具魅力。雌鸟和亚成鸟的上体为铅灰色，下体为灰色密布鳞状纹，尾羽为白色且端部为黑褐色，极具特色。红尾水鸲常常栖息在溪流及河谷沿岸，时而站立在水边或水中石头上，时而栖息在公路旁的岩壁或电线上。停立时，它们常常不断地上下摆动尾巴，有时还将尾羽散成扇状，左右摆动，犹如摇动着一把红色的“桃花扇”。在食物方面，红尾水鸲主要以昆虫为食，同时也会取食少量的浆果，如草莓、悬钩子等。它们常常边飞边发出“吱——吱——”的鸣叫声，清脆悦耳。到了繁殖期，雄鸟更是会展现出其独特的魅力，它们会挑选一个开阔醒目的地方，张开尾羽，边跳边唱，以一段别致的歌舞来追求心仪的异性。

你见过它了吗？

qú

白顶溪鸲

拉丁学名：*Chaimarrornis leucocephalus*

英文名：White-capped Water Redstart

1 2 3 4 5 6 7 8 9 10 11 12

白顶溪鸲体长18厘米至19厘米，雌雄同色，其颜色主要由白色、黑色和栗红色三色组成，颜色分界鲜明。白顶溪鸲宛如一位精心打扮的绅士。成鸟的头顶至枕部洁白如雪，好似佩戴了一顶精致的小帽；而其腰部、腹部、尾下覆羽及尾羽，则呈现出深邃的栗红色；尾羽尖端及其他部分则闪烁着黑色的光泽，整体给人一种高贵而神秘的感觉。白顶溪鸲生性安静，它们会静静地蹲在溪边的树枝或岩石上，环顾四周，以捕捉水生无脊椎动物为食。停歇时，它们的头尾会上下抖动，优雅而灵动。此外，它们还具有垂直迁徙的习性。在夏季，它们会选择在较高的山地繁衍生息；而到了秋冬季，为了躲避寒冷，它们又会迁徙到较低的地带。这种与自然和谐共生的智慧，让人不禁对它们产生了更多的敬意与好奇。

普通鸬鹚（lú cí）

俗名：黑鱼郎 / 水老鸹 / 鱼鹰

拉丁学名：*Phalacrocorax carbo*

英文名：Great Cormorant

1 2 3 4 5 6 7 8 9 10 11 12

繁殖羽

普通鸬鹚通体乌黑，仿佛身披一件闪耀着金属光泽的蓝绿色黑袍。它喙前端带有弯钩，锐利而有力，喙基部分的裸皮为黄色。繁殖期时，它的头颈部分会披上白色的丝状羽。春冬季节，在昆明附近的水库、河流、湖泊、沼泽等湿地环境中，经常能发现它的踪迹，民间又称它为“黑鱼郎”“水老鸹”“鱼鹰”等。

尽管名字中有“普通”二字，但鸬鹚却有着自己特殊的地方。第一，外表不普通，体长达到 90 厘米的它，有一双深邃而泛着蓝光的眼睛。第二，本领不普通。它能快速潜入水中追捕鱼类，甚至能在水下追捕鱼类近一分钟之久。不仅如此，我们还能在 2019 年版第五套人民币的 20 元纸币的背面图案里找到它们。第三，行为不普通，普通鸬鹚在迁徙季节常排成“人”字形或“一”字形队列，可不要把它们误认为雁群了。

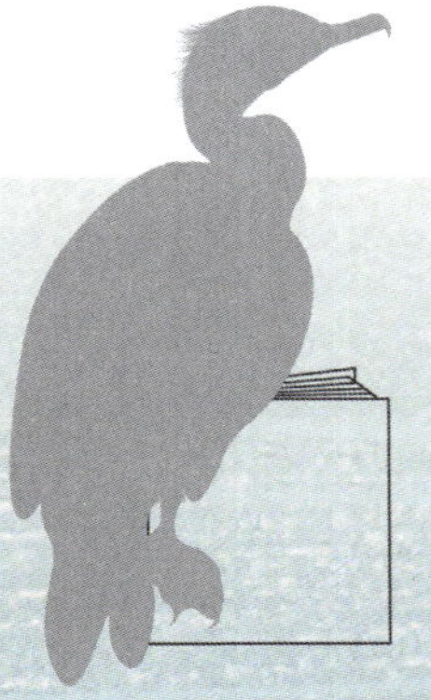

钳嘴鹳（guàn）

拉丁学名：*Anastomus oscitans*

英文名：Asian Open-bill Stork

1 2 3 4 5 6 7 8 9 10 11 12

钳嘴鹳体长 68 厘米至 81 厘米，2006 年首次在中国云南大理被记录，自此成为我国鸟类名录新成员。其显著特征为粗壮的喙部，且下喙中部凹陷，闭合时形成独特的楔形缝隙，形似未完全咬合的钳具。它们偏好栖息于沼泽、浅滩及水稻田等湿地生境，主食螺类与蚌类，兼食蟹、蛙、环节动物及水生昆虫。我国境内种群的出现，主要归因于其原分布区种群的自然扩散，同时得益于我国湿地保护措施创造的适宜生境。西南地区入侵物种福寿螺的泛滥，也为它们提供了充足的食物来源。上述多重因素共同促成了其在我国的种群增长。需要注意的是，钳嘴鹳在取食福寿螺的同时，亦会捕食濒危的本土淡水贝类，且可能携带禽流感病毒等病原体，因此，该物种对我国生态系统的综合影响尚不明确，不宜妄下定论，亟待开展系统性研究。

罗纹鸭 俗名：镰刀毛小鸭

拉丁学名：*Mareca falcata*

英文名：Falcated Duck

1 2 3 4 5 6 7 8 9 10 11 12

冬季的滇池湿地是候鸟的避寒胜地。来客中雁形目占比很大，罗纹鸭便是其中的一员。罗纹鸭的体长 46 厘米至 54厘米，雌雄异色。成年雄鸟头顶为褐色，脸部及颈部的羽毛在阳光下闪烁着夺目的金属绿色，这种颜色就是我们常说的结构色，使其显得华丽异常。此外，成年雄鸟颈部还有一个类似项圈的黑色颈环，在胸部至胁部有着密集的黑色云纹，这也是其名字里“罗纹”二字的由来。在昆明如果想见到它，在晨昏时分去滇池湿地的浅水处寻觅是一个不错的选择。可能有同学好奇，罗纹鸭扁扁的嘴能抓到鱼吗？答案是否定的，雁形目绝大多数鸟类都以沉水植物等植物性食物为食，罗纹鸭也不例外，只有部分潜鸭及秋沙鸭等才会潜水抓鱼吃。

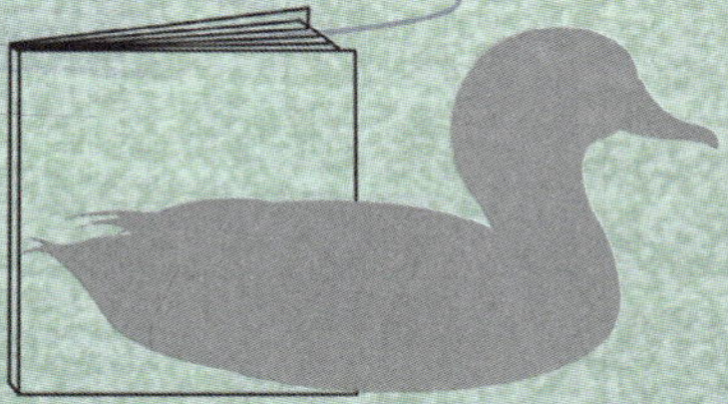

白骨顶 俗名：骨顶鸡

拉丁学名：*Fulica atra*

英文名：Common Coot

1 2 3 4 5 6 7 8 9 10 11 12

每到冬天，昆明的各大湖泊湿地水面上便会漂着许多黑色水鸟，它们就是前来越冬的白骨顶。白骨顶体长 36 厘米至 39厘米，由于它们黑乎乎的身子上镶嵌的白色的额甲和喙十分醒目，因此得名白骨顶。白骨顶又称骨顶鸡，当然，它们并不是真正的鸡，而是隶属于鹤形目的秧鸡科，只是因趋同进化才长成了近似鸡的模样。白骨顶作为秧鸡科的一员，不具备雁鸭一样发达的脚蹼，但它们同样具备强大的游泳本领，能够娴熟地潜入水中取食沉水植物，这离不开它们结构巧妙的足部——瓣蹼足。值得一提的是，它们每一只都黑黝黝的，在我们眼里难以区分。可是由于鸟类眼睛所能观察到的颜色比人类多，所以在它们眼里，每一只个体都是独一无二的。无论在翠湖还是大观楼，如果在冬季观察到全身黑色、额甲和嘴是白色的水鸟，基本可以断定是它们。

黑鸢

yuān

拉丁学名：*Milvus migrans*

英文名：Black Kite

1 2 3 4 5 6 7 8 9 10 11 12

黑鸢是昆明最常见的猛禽之一，它们特别喜欢在滇池流域活动，昆明各大湿地公园及海埂大坝常能发现它们的踪迹。黑鸢体长 54 厘米至 66 厘米，翼展可达 150 厘米，整体呈深褐色。它们善于借助上升热气流高飞，以减少能量消耗，在空中时而轻捷迅速，时而优雅盘旋。飞翔时可见翼下左右各有一块大的白斑，较长的尾羽呈浅叉形，如同鱼尾一般，极具辨识度。和所有的猛禽一样，黑鸢具有绝佳的视力、弯曲锐利

的喙和强劲有力的爪。黑鸢遍布大江南北，因此为人们所熟知。还记得儿时玩过的“老鹰捉小鸡”游戏吗？里面的老鹰很有可能就是黑鸢。许多小型动物，如小鸟、鼠、蛇、蛙、鱼等均位列黑鸢的食谱。那么海埂大坝的黑鸢会对红嘴鸥造成伤害吗？完全不用担心！当红嘴鸥争抢食物或地盘时，它们可是相当厉害的，会群起而攻之，赶走“敌人”。

观鸟小TIPS

在昆明，每年的 3月至 6月是众多留鸟和夏候鸟的繁殖期。观察鸟爸鸟妈辛勤哺育雏鸟的瞬间，确实令人无比激动。然而，在这个时期，鸟巢内的卵和幼鸟都极为脆弱。同时，长期稳定的栖息地不仅吸引了众多观鸟爱好者，也可能吸引天敌。因此，在观察鸟巢时，我们必须格外小心，避免过于接近，以防亲鸟因惊吓而弃巢或长时间离开，从而影响幼鸟的安全和成长。

在行走过程中，请尽量沿着已有的路径前进，避免开辟新路，以减少对林下植被和周围环境的破坏。同时，切勿攀折树枝，以保持自然环境的原始状态；避免暴露鸟巢位置，从而保护鸟类的宁静生活。

为了在茂密的森林中寻觅那些羞涩而胆怯的鸟类，一些鸟类观察爱好者会利用播放鸟类鸣叫的方式来吸引它们。然而，过度使用这种吸引方法可能会向鸟类传达错误的信息，如“危险临近”或“我在此处”，这可能会扰乱它们的求偶或育雏活动。因此，在鸟类观察活动中，当使用鸟类鸣唱录音作为寻找工具时，我们应当自我节制。建议一旦鸟类有所反应，便立即停止播放，并确保在5分钟内总的播放时间不超过 30秒，同时音量也应控制在不会盖过自然界中野生鸟类叫声的程度，以避免对它们造成不必要的干扰。

森林篇

森林是许多鸟类的关键栖息地。昆明周边的森林主要由针叶林和阔叶林组成。这些珍贵的森林为众多鸣禽、攀禽和猛禽提供了家园。在这里，各种植物都有其独特的开花和结果季节，而不同的花卉和果实又会吸引不同的鸟类前来觅食。因此，若想在这里发现心仪的鸟类，或许我们可以从认识昆明森林中的植物开始。

推荐观鸟的目的地：

- 西山（昆明市区）
- 梁王山（呈贡区）
- 轿子山（禄劝县）
- 金铜盆山（富民县）
- 雪岭（东川区）

森林篇

凤头鹰（yīng）

拉丁学名：*Accipiter trivirgatus*

英文名：Crested Goshawk

1 2 3 4 5 6 7 8 9 10 11 12

凤头鹰是昆明常见的一种中型猛禽，体长 40 厘米至 48 厘米，是我国国家二级保护野生动物。它们头顶有几缕短羽，显得英气十足，这种独特的外观也是它们得名的缘由。在生活于城市周边的猛禽里，凤头鹰战斗力超群，除了小型雀鸟，连小型猫头鹰（如领角鸮）都不放在眼里。雀鸟一旦被它那坚如利刃的爪子锁定，几乎毫无生还的可能，真可谓林中“魔王”。然而，这种让众鸟闻风丧胆的猛禽在空中飞行时，却展现出不一样的风采。它们尾下覆羽那蓬松的白色绒毛宛如一个“尿不湿”，让人远远便可辨识。此外，凤头鹰在飞行时还展现出一种独特的双翼下压、快速抖翅的行为。在昆明，具有绿地环境的城市公园等地，都有机会观测到它们的踪迹。

你见过它了吗？

xiū liú

领鸺鹠 俗名：小猫头鹰

拉丁学名：*Glaucidium brodiei*

英文名：Collared Owlet

1 2 3 4 5 6 7 8 9 10 11 12

猫头鹰通常给人以体形较大的印象，而领鸺鹠则截然不同，它是中国最小的猫头鹰，体长仅为 15 厘米至 17 厘米，略大于麻雀。领鸺鹠外观通体棕褐，头顶布满浅色斑点，后脑勺上的一对“假眼”，由鲜艳的橘黄色和黑色构成。这对假眼不仅具有视觉吸引力，更能有效迷惑捕食者，仿佛在示意：“我在注视着你，别想偷袭我。”尽管体形小，但这并不妨碍领鸺鹠的捕食能力，昆虫、老鼠、小鸟等小型动物都是它的猎物。领鸺鹠不惧阳光，白天也积极觅食。到了晚上，它们常通宵地鸣叫，白天偶尔也能听到它们的鸣声。在白天，其他小鸟若发现了领鸺鹠的身影，往往会迅速发出警报，召集周边其他雀鸟共同行动，驱逐领鸺鹠以确保自身安全。在昆明，如西山公园等具有针阔混交林和常绿阔叶林的地区，留心倾听领鸺鹠的鸣叫声，可以相对容易地找到它的踪迹。

方尾鹟（wēng）

拉丁学名：*Culicicapa ceylonensis*

英文名：Grey-headed Canary Flycatcher

1 2 3 4 5 6 7 8 9 10 11 12

方尾鹟是一种小巧而独特的鹟，体长 12 厘米至 13 厘米。它的头部偏灰，略具羽冠，嘴扁平，基部宽阔，近乎等边三角形，发育出长而丰富的嘴须，几乎延伸至嘴端。头顶至后颈为黑灰色，背部呈橄榄绿色，翅膀和尾巴为黑灰色，翅上的覆羽和飞羽边缘则为橄榄黄绿色。喉部和胸部为灰色，其余的为明亮的黄色。 方尾鹟栖息于森林的底层或中层，在昆明的各个森林中四季可见。它仿佛鸟中的“好奇宝宝”，当你在林中遇见这只身披黄绿羽衣的小精灵时，它可能因你的到来而轻轻飞离树枝。如果你静静地站在那里，它很快会飞回不远处的树枝上，背对或侧对你，甚至居高临下地注视着你。当它发现你在观察它时，可能会轻盈地扇动翅膀，飞到附近的另一根小枝上，左右歪着头，用明亮的眼睛继续打量你。这样小而机灵的方尾鹟，瞬间增添了森林的活力与趣味。

灰卷尾

俗名：灰燕子

拉丁学名：*Dicrurus leucophaeus*

英文名：Ashy Drongo

1 2 3 4 5 6 7 8 9 10 11 12

灰卷尾是一种中型林栖鸣禽，体长 26 厘米至 28 厘米，雌雄外形相似。它的尾羽呈叉状，末端微微上翘，整体羽色以灰色为主。在云南，灰卷尾有三种亚种，依据特征，可分为全身深灰或近黑色的一类，全身浅灰且眼周有白色斑块的一类，以及体色介于两者之间、眼周白色不明显的一类。因此，看到不同外观的灰卷尾并不奇怪。灰卷尾主要栖息于山区和平原的阔叶林、针叶林及混交林，常于村落附近的高大乔木和疏林间活跃，捕食昆虫。它们通常成对或单独停留在树冠上，发现食物时会迅速俯冲捕捉，捕获后又迅速飞回原处。飞行时双翅时展时合，呈现波动的优雅姿态。若不受干扰，它们常常在同一地点停留较长时间。在昆明，若想观察灰卷尾，可以前往西山或金殿公园等地寻觅。

jiāo

长尾山椒鸟

拉丁学名：*Pericrocotus ethologus*

英文名：Long-tailed Minivet

1 2 3 4 5 6 7 8 9 10 11 12

娇艳的山花总是令人赞叹，但你见过鲜红似火的美丽鸟儿吗？在昆明周边的林间，生活着一种色彩鲜艳的鸟——长尾山椒鸟。它体长 17 厘米至 20 厘米，雌雄的颜色各不相同。雄鸟头部为黑色，身体大部分是明亮的鲜红色，宛如穿着黑红相间的晚礼服，翅膀上还有显著的音叉型红色翅斑，这是辨识它们的重要特征之一。雌鸟的头部为灰色，身体则主要是鲜艳的柠檬黄色。亚成年的雄鸟在换羽之前也会“男扮女装”，保持与雌鸟相似的黄色体色，以避免被成年雄鸟驱逐或霸凌。长尾山椒鸟喜欢成群活动，常常在林冠层中觅食。由于它们喜好栖息在树冠层，加上鲜艳的体色十分显眼，因此在金殿公园、西山公园或郊野公园散步时，只需留意树冠，通常都能发现它们的身影。

白喉扇尾鹟（wēng）

拉丁学名：*Rhipidura albicollis*

英文名：White-throated Fantail

1 2 3 4 5 6 7 8 9 10 11 12

白喉扇尾鹟是一种体形中等的林鸟，体长 17 厘米至 20 厘米。雌雄同色，通体呈铅黑色，具有醒目的白色细眉纹，喉部为白色，并延伸至颈部两侧。其尾羽极具特色，长长的黑色尾羽除中央一对外，其余末端均为白色，仿佛随身携带着一把顶端泛白的“羽扇”，因而得名。白喉扇尾鹟喜欢出现在林缘或灌丛中，有时单独活动，有时成对出现，常混迹于鸟群中，与其他鸟类一同行动，性格活泼。它们以昆虫及其幼虫为食，每次停歇时，都会张开那把顶端白色的“羽扇”左右摇晃，姿态颇似一位身穿铅黑色长袍、画着白眉的说书先生，得意扬扬地表演着。摇摆的“羽扇”不仅为其增添了几分风姿，还能惊飞周围的昆虫，帮助其高效捕食。如果想要观察它们，在昆明郊区的公园内往往能找到它们的身影。

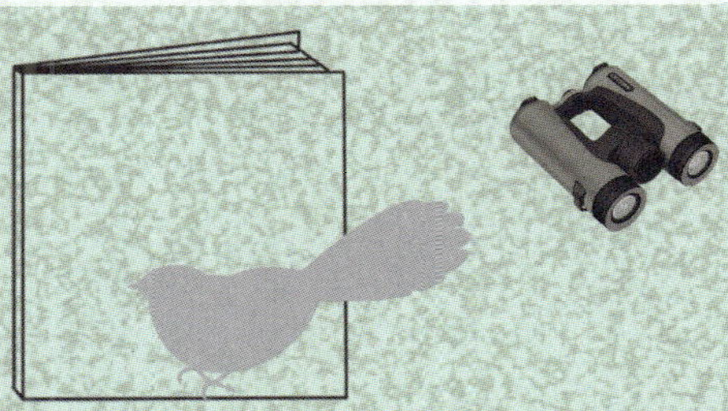

liè

蚁䴕 俗名：树皮鸟 / 蛇鸟

拉丁学名：*Jynx torquilla*

英文名：Eurasian Wryneck

1 2 3 4 5 6 7 8 9 10 11 12

蚁䴕是一种小型啄木鸟，体长 16 厘米至 19 厘米，俗称“树皮鸟”和“蛇鸟”。从“树皮鸟”这一称呼可以推测，它的羽毛颜色与干枯的树枝相似，整体以灰褐色为主，头顶至背部布满明显的黑色条纹，翅膀则呈深棕色。而“蛇鸟”这一称呼，则源于它独特的防御行为：当受到惊吓时，它会炸开颈部的羽毛，模拟蛇的形态，并扭动脖子威吓敌人。与其他啄木鸟不同，蚁䴕飞行速度较快，通常单独活动于灌丛或树木基部，较少攀附在树干上。它主要以蚂蚁及蚂蚁卵为食，兼食甲壳类昆虫。其捕食方式十分特别，依靠长舌上的细小钩子和黏液黏附蚂蚁，以此取食。在昆明，若想见到蚁䴕，建议在冬季多留意干枯的树枝。

你见过它了吗？

大斑啄木鸟 俗名：啄木雀

拉丁学名：*Dendrocopos major*

英文名：Great Spotted Woodpecker

1 2 3 4 5 6 7 8 9 10 11 12

“嗒嗒嗒，嗒嗒嗒……”树上传来急促的敲击声。仔细寻找，发现一只体长 20 厘米 至 25 厘米的鸟儿正努力敲击树干——它就是大斑啄木鸟。这种鸟的头顶为黑色，脸庞和腹部呈白色，颈侧带有“X”或“Y”形黑色条纹；背部覆有黑色羽毛，臀部鲜红，翅膀上则点缀着大块白斑和白色条带。成年雄鸟的枕部为红色，据此可与雌鸟轻松区分，而亚成鸟的头顶则完全呈红色。啄木鸟，顾名思义，通过啄击树干来寻找隐藏在木质深处的昆虫，因此也被誉为“森林医生”。它们在捕食方面的能力不可小觑，锐利的对趾足与坚固的尾羽，形成稳定的三角结构，使其能稳稳停留在树干上，以便凿击树干。它们拥有锥形尖喙与坚固的头骨，加之小容量的大脑，有效避免了因持续敲击而导致脑震荡。同时，那条近乎身长、带有倒刺的长舌，使它们能轻松钩出藏在树干深处的虫子。在昆明茂密的树林中，我们常能见到这种活泼可爱的鸟儿。

你见过它了吗?

紫啸鸫

dōng

拉丁学名：*Myophonus caeruleus*

英文名：Blue Whistling Thrush

1 2 3 4 5 6 7 8 9 10 11 12

紫啸鸫是一种中型鸣禽，体长 29厘米至 35 厘米，雌雄同色。顾名思义，它们通体覆盖着鲜艳的金属蓝色羽毛，尤为引人注目。是昆明常见的 eugenei 亚种，其喙为明亮的黄色，与蓝紫色羽毛形成鲜明对比，辨识度极高。虽然名字中带有“鸫”字，但它实际上属于鹟科，是一种大型的鹟类，这与我们常见的乌鸫、黑胸鸫等鸫科鸟类有很大不同。

紫啸鸫不喜欢开阔的环境，更偏爱多石的山溪或幽深的岩谷，常独自活动。它们通常栖息在溪涧或山谷边缘的阴湿阔叶林下，在地面上觅食昆虫和小型动物。当阳光洒在它们身上时，乍看乌黑的羽毛会折射出炫目的蓝紫色光泽，再加上它们那悠长清脆的啸声，极具野性与魅力，令人过目难忘。

在昆明植物园、黑龙潭公园和金殿公园等地，都有机会邂逅这一种美丽的鸟类。

你见过它了吗?

绿背山雀

拉丁学名：*Parus monticolus*

英文名：Green-backed Tit

1 2 3 4 5 6 7 8 9 10 11 12

在茂密的林间徘徊时，你或许会偶遇绿背山雀。这种小鸟体长 12 厘米至 15 厘米，雌雄同色，难以分辨。它们的外观特征是黑色的头部和喉部，白色的脸颊，腹部鲜黄，并且中轴上有粗壮的黑色条纹贯穿至臀部，仿佛穿着一件长长的黑色肚兜。与大山雀的黑白色调不同，绿背山雀整体呈黄绿色，并在翅膀上具有两道显著的翼斑，这也是它们的主要辨识特征之一。绿背山雀喜欢成对或集成小群活动，也时常与其他小鸟混群，共同取食昆虫、浆果、植物种子或嫩芽。它们身手灵活，常在树枝间跳跃穿梭，宛如黄绿色的花朵，一会儿绽放在这个枝头，一会儿又飘落到另一个枝丫上。繁殖期，它们在树洞内筑巢，巢材以苔藓为主，中央则是羽毛和兽毛构成。在昆明，绿背山雀作为常见的林鸟，在林木繁茂的公园中随处都有可能见到它们的身影。

红嘴蓝鹊（què） 俗名：青鸟

拉丁学名：*Urocissa erythroryncha*

英文名：Red-billed Blue Magpie

1 2 3 4 5 6 7 8 9 10 11 12

俗话说：“天下乌鸦一般黑”，但红嘴蓝鹊却对此持不同看法。作为鸦科中的“大美女”，红嘴蓝鹊体长 42 厘米至 60 厘米，外形独特而美丽。它们的喙鲜红，犹如佩戴着橘红色的“美瞳”，头顶至后颈有一块白色斑块，颈部、喉部及胸前黑色，身披深蓝色羽毛，腹部灰白，而脚上则穿着红色“高跟鞋”，拥有一条修长且带有白色端斑的蓝色尾巴。在昆明，红嘴蓝鹊常栖息于丘陵和中低山区的次生阔叶林、针叶林、混交林或竹林。它们通常成对或小群活动，飞翔时轻盈而灵巧，喜欢在树林间优雅滑翔，双翅平展，尾羽张开，随风飘荡，姿态美丽动人。作为杂食性鸟类，红嘴蓝鹊以蠕虫、昆虫、鸟卵、雏鸟及多种植物的种子和果实为食。尽管外表迷人，但红嘴蓝鹊颇具攻击性。繁殖期时，它们护巢意识极强，若有“入侵者”，不仅会鸣叫警告，还会毫不留情地发起攻击。

星鸦

yā

拉丁学名：*Nucifraga caryocatactes*

英文名：Spotted Nutcracker

1 2 3 4 5 6 7 8 9 10 11 12

星鸦，体长 29 厘米至 34 厘米，其身上散布的灰白色斑点仿佛夜空中的繁星，因此得名。其整体颜色以咖啡褐色为主，翅膀则为黑色。飞行时，它们洁白的尾下覆羽和尾羽宽阔的白色条带与深色的身体形成鲜明对比，仿佛森林中的一抹亮色。星鸦的喙部粗壮尖锐，这样的结构不仅方便它们啄食，还能让它们轻松地取食松塔内的松子。每到秋天，星鸦们便忙碌起来，它们在松林中四处寻找松塔，将收集到的松子巧妙地藏在树洞、岩缝等隐蔽之处以便冬季食用。这种储备食物的行为体现了它们的忧患意识与出色的空间记忆力，同时它们不慎遗失的种子也间接地促进了植物的传播扩散。此外，松鸦储藏的松子也可能被其他生物所发现取食，帮助它们度过食物匮乏的严冬。如果在昆明想要观察星鸦，可以尝试前往郊区一些开阔的针叶林林场寻觅。

凤头雀嘴鹎（bēi）

俗名：凤头鹦嘴鹎

拉丁学名：*Spizixos canifrons*

英文名：Crested Finchbill

1 2 3 4 5 6 7 8 9 10 11 12

凤头雀嘴鹎体长 18 厘米至 22 厘米，雌雄同色。它们上体为橄榄绿色，下体为黄绿色，颊部为灰色，尾末端具宽阔的黑色端斑。它们一般栖息于云南中部、西部及南部海拔 1200 米至 3000 米的山地阔叶林、次生林及灌丛内，以植物的果实、种子和昆虫等为食。凤头雀嘴鹎常结成小群活动，冬季有集群活动现象。它们之所以得名，是因其与常见的鹎类在外形上显著不同。首先，它们头顶有个显眼的竖立黑色冠羽，像戴了顶帽子一般，因此得到“凤头”之称。其次，“雀嘴”则是指它们乳黄色的喙十分厚实而近似雀的嘴。综合这两点，就有了这么一个看似怪异的名字。昆明过去将黄臀鹎爱称为“老倌雀”，而将看起来神气极了的凤头雀嘴鹎称为“穿军装的老倌雀”。冬天在昆明的圆通山，时常能遇到摄影爱好者举着相机，对着冬樱花上的凤头雀嘴鹎拍摄。

你见过它了吗？

白领凤鹛（méi）

拉丁学名：*Yuhina diademata*

英文名：White-collared Yuhina

1 2 3 4 5 6 7 8 9 10 11 12

凤鹛这类鸟的叫声清脆悦耳，常会一直叫个不停。现代有人敏锐地捕捉到了这一特点，将“凤鹛”的形象赋予那些善于言辞、喜欢辩论的人。白领凤鹛作为凤鹛家族中的一员，更是别具一格。其体长 14.5 厘米至 18 厘米，羽冠蓬松，给人一种优雅而从容的感觉。最为引人注目的是它颈后的那块白色大斑块，它与其白色的眼圈以及后眉线相接，使其仿佛穿着一件精致的白领制服，故而得名“白领凤鹛”。它们的飞羽为黑色，羽缘部分接近白色，下腹部白色，其余部分则以咖啡色为主，整体色调显得稳重而又不失活力。在野外，白领凤鹛常常成对或结成小群活动于灌丛之间。到了冬季，它们会下至低海拔区域避寒，寻觅浆果及花蜜等食物。如果你有幸在野外遇见白领凤鹛，相信你一定会被它们那优雅的身姿和悦耳的歌声吸引。

红嘴相思鸟

拉丁学名：*Leiothrix lutea*

英文名：Red-billed Leiothrix

1 2 3 4 5 6 7 8 9 10 11 12

如果一只小鸟不仅羽色华丽，还拥有婉转动听的鸣叫声，那么它很可能难以逃脱被贪欲裹挟、沦为笼养鸟的命运，红嘴相思鸟便是这样一个典型的例子。这种林鸟体形娇小，体长 14 厘米至 15 厘米，因其红得如玛瑙般的嘴而得名。它们全身以橄榄绿色为主，红黄相间的翅斑与红色喙相互映衬，而自喉部至前胸呈鲜黄色，并逐渐过渡至橙黄色，使其身体仿佛披上了一件彩虹般绚丽的外衣。尽管名为“相思鸟”，但它们与民间传说中的“恋爱脑”关系不大。除繁殖季节成对活动外，它们更喜欢成群行动，当然也不会因为伴侣的意外离世而“相思成疾”。然而，人们对其“过度的喜爱”，使其野生种群数量受到了严重威胁。2021 年新调整的《国家重点保护野生动物名录》公布，红嘴相思鸟已被列入国家二级保护野生动物，受相应的法律保护。如果想要观赏红嘴相思鸟，在昆明的西山，是一个不错的去处。

tún shī
栗臀鳾

拉丁学名：*Sitta nagaensis*

英文名：Chestnut-vented Nuthatch

1 2 3 4 5 6 7 8 9 10 11 12

与众多嬉戏于林间，喜欢在树枝间跳跃飞舞的林鸟不同，有一枚灰蓝色的圆团子更喜欢在树干上攀行，它就是栗臀鳾。栗臀鳾的体长为 12.5 厘米至 14 厘米，上体为灰蓝色，下体为污白色，两肋及臀部的羽毛为醒目的栗色。栗臀鳾拥有强有力的足爪，能沿着树干以螺旋形的线路上下攀爬，寻觅躲藏在树皮内的昆虫，头朝下地顺着树干向下爬行便是它标志性的动作之一。栗臀鳾筑巢时也十分独特，其营次生洞穴巢（利用现成的，非自主挖掘的洞穴作为巢址），巢穴内部只是简单地铺上一些松树皮作为垫材，显得十分随意。但是相对的，栗臀鳾会花费大量的时间衔来泥土将洞穴透风处细心地堵上，巢穴开口处也仔细填补得堪堪容许自身通过，安全性十足。栗臀鳾作为城市郊区松林内常见的鸟类，不甚惧怕人类，昆明一些有松林的公园内都很容易观察到它们。

棕头雀鹛（méi）

拉丁学名：*Fulvetta ruficapilla*

英文名：Spectacled Fulvetta

1 2 3 4 5 6 7 8 9 10 11 12

棕头雀鹛是一种小型林鸟，体长仅有 10 厘米至 13 厘米。整体颜色以褐色和浅栗色为主，头顶和两颊为栗色，具不明显的黑色侧冠纹，眼睛周围具不显著的白色眼圈。成鸟初级飞羽外侧边缘部分为灰白色，其余飞羽外侧则为淡红棕色。习性上，棕头雀鹛常常数只结成小群活动，有时也与其他鸟类组成取食集团混群活动于林下灌丛及阴暗的林间地面。食物上，棕头雀鹛主要取食鳞翅目及鞘翅目等昆虫。根据观察，作为山地留鸟，棕头雀鹛可能存在垂直迁徙的习性。

夏季气温高时，它们会移动到海拔较高的区域活动，而到了冬季气温降低时，它们便会“下山”，来到海拔较低的昆明城区周边地区过冬。因此，在昆明冬季更容易遇见它们。不过棕头雀鹛习性机警，观察它们需要有耐心才行。

你见过它了吗？

xié qú

红胁蓝尾鸲

拉丁学名：*Tarsiger cyanurus*

英文名：Orange-flanked Bluetail

1 2 3 4 5 6 7 8 9 10 11 12

红胁蓝尾鸲，体长 12 厘米至 14 厘米，黑嘴白喉白眉纹，下体白色，具烟灰色胸带。雄鸟上体蓝色，亚成鸟及雌鸟上体褐色，尾蓝。俗称蓝点冈子、蓝尾巴根子、蓝尾杰等。顾名思义，其胁部为醒目的橘红色，犹如穿着一件亮丽的马甲，让人一眼就能认出它们。红胁蓝尾鸲是食虫高手，主要取食鞘翅目、膜翅目及鳞翅目等昆虫，兼食少量植物果实和种子。它们具有羽色延迟成熟的现象，即红胁蓝尾鸲的新生雄鸟要到第二年换羽之后，其羽毛才会逐渐转变为迷人的蓝色，而在此之前则和雌鸟近似。因此，我们平常见到的红胁蓝尾鸲大多是雌鸟模样。每年迁徙季节，在昆明的各大城市绿地公园及校园内的地面或灌木丛的枝杈之间，常常能看到它们单独或成对活动。只要细心观察，好好寻找，一般都能发现它们漂亮的身影。

蓝喉太阳鸟

拉丁学名：*Aethopyga gouldiae*

英文名：Mrs Gould's Sunbird

1 2 3 4 5 6 7 8 9 10 11 12

大家都知道蜂鸟喜欢吸食花蜜，生活中常常有人将那些悬停在花朵上吸食花蜜的天蛾误认为是蜂鸟。实际上，中国并没有蜂鸟。那么，这是否意味着中国没有以花蜜为主食的小鸟呢？事实上，中国有一类同样以花蜜为主食的小型鸟类，那便是太阳鸟，而蓝喉太阳鸟就是其中一员。蓝喉太阳鸟是一种小型鸣禽，体长 14 厘米至 15 厘米。它最显眼的特征是其喉咙处那闪耀的金属蓝色羽毛。它身披红黄相间的羽毛，嘴巴细长且向下弯曲。它的体形比麻雀小，像顽皮的孩子一般在树枝间快活穿梭，寻找花朵，通过不断吸食花蜜来获取身体所需的能量。如果你在开花的植物附近看到蓝喉太阳鸟，不妨停下脚步稍作等待。它很可能会飞回来继续觅食，这样你将能更清晰地观察到它的特征。在昆明的圆通山、西山和金殿公园等许多城市公园，都是观察蓝喉太阳鸟的好地方。

zhuó

红胸啄花鸟

拉丁学名：*Dicaeum ignipectus*

英文名：Fire-breasted Flowerpecker

1 2 3 4 5 6 7 8 9 10 11 12

红胸啄花鸟是一种体长7厘米至9厘米的小型鸣禽。雄鸟上体呈金属蓝色，下体为淡黄色，最显著的特征是胸口的红色羽毛和腹部中央的黑色粗条纹。相比之下，雌鸟的颜色较为朴素，上体呈橄榄绿色，下体则为淡黄色。

红胸啄花鸟通常单独或成对在林冠或林木中层栖息活动。非繁殖期时，它们会聚集成3只到5只的小群，有时还会与其他小型雀鸟混群觅食。它们喜爱在盛开花朵的乔木上取食花蕊和花蜜，也会吃浆果、槲寄生的果实，以及双翅目和鳞翅目昆虫及其虫卵、蜘蛛等动物性食物。由于槲寄生的种子极具黏性，红胸啄花鸟进食后，其粪便常常拉丝在身后难以摆脱。为保持清洁，它们会在树枝上“擦屁股”，将粪便挂在树枝上，这一行为也帮助槲寄生的种子传播到更远的地方。在昆明，若留意树顶的槲寄生植物，有时便能见到红胸啄花鸟的身影。

山蓝仙鹟（wēng）

拉丁学名：*Cyornis banyumas*

英文名：Hill Blue Flycatcher

1 2 3 4 5 6 7 8 9 10 11 12

山蓝仙鹟是一种外观极为美丽的小型鸣禽，体长 14 厘米至 15.5 厘米。雄鸟的前额和眉纹呈现亮丽的钴蓝色，前额基线至眼先和眼圈则为天鹅绒质感的黑色，上体为深蓝色，喉部至胸部为橙棕色，胁部为橙色，腹部中央则为淡皮黄白色，尾下覆羽呈白色，与深色上体形成鲜明对比。相比之下，雌鸟则相对朴素，上体呈褐色，下体颜色与雄鸟相似，但更加柔和淡雅。它们栖息于热带和亚热带的常绿阔叶林及灌丛地区，通常单独或成对在林中层活动觅食，主要以蚂蚁、甲虫和鳞翅类幼虫等无脊椎动物为食，鲜少停留在地面或林冠层。它们的鸣声婉转动听，音调多变，为寂静的山林注入了生机。每年夏季，在昆明金殿公园、昆明理工大学、西山公园、黑龙潭公园、昆明植物园及梁王山等地都能见到它们的身影。

山麻雀

拉丁学名：*Passer cinnamomeus*

英文名：Russet Sparrow

1 2 3 4 5 6 7 8 9 10 11 12

山麻雀体长11厘米至14厘米，顾名思义即为居住在山里的麻雀。与栖息在城市或村庄里伴人而居的（树）麻雀不同，山麻雀不喜人居环境，往往选择栖居在中低海拔山地丘陵地区的林缘地区及荒地附近。外观上，山麻雀也与麻雀截然不同，首先，山麻雀的脸侧没有黑色的圆斑，其次，山麻雀雌雄异色，不似麻雀一般雌雄难辨。雄性山麻雀自顶冠至背部均为鲜艳的栗色，雌性山麻雀则朴素得多，整体颜色灰暗但具显著的皮黄色眉纹。和喜爱热闹的麻雀不同，山麻雀更倾心安静的森林，它们不喜欢接受人类掉落的面包屑或饼干渣，更愿意自己捕食林间的昆虫和取食成熟的浆果。在昆明要想遇见它们，不如去紧挨着西山的猫猫箐碰碰运气。

普通朱雀

俗名：栀子花雀 / 麻料

拉丁学名：*Carpodacus erythrinus*

英文名：Common Rosefinch

1	2	3	4	5	6	7	8	9	10	11	12

古有四大神兽，其中之一为朱雀。在昆明周边的森林中也生活着一种名为普通朱雀的林鸟，它虽然没有神力，却因雄鸟全身鲜红而得名。在昆明，根据其鸣声形象地称之为“栀子花雀”。普通朱雀体形较小，体长 13 厘米至 15 厘米。成年雄鸟羽毛红艳夺目，黑色的双翼和雪白的下腹部使其更加醒目；而雌鸟和亚成鸟则呈灰褐色，具有较强的隐蔽性，因此当地居民又将其称为“麻料”。

普通朱雀以果实、种子、花序等植物性食物为主，也会捕食一些昆虫。由于雄鸟鸣声悦耳动听且色彩艳丽，过去常被大量捕捉用于笼养观赏。然而，笼养的雄鸟首年为红色，次年则会逐渐变为黄色，失去原有的色彩。鸟类应在自由的蓝天下翱翔，而不是沦为笼中之鸟。我们应当拒绝这一伤害鸟儿的行为，走入自然，欣赏它们自由的美丽。在昆明，想要观察普通朱雀，金殿、郊野公园等森林公园是不错的选择。

你见过它了吗？

栗头树莺（yīng）

拉丁学名：*Cettia castaneocoronata*

英文名：Chestnut-headed Tesia

1 2 3 **4** **5** **6** **7** **8** 9 10 11 12

栗头树莺是一种体形偏小、外形可爱的鸣禽，体长在 8 厘米至 8.5 厘米，属于小型鸣禽。其最具代表性的特征是那呈头盔状的栗色头部，以及眼后那一小片三角形的白斑，增添了其独特魅力。其喉部至腹部的羽毛由亮丽的黄色渐变为柔和的绿色，背部则为绿色，与周围环境融为一体。

尽管名字中有“树”字，这种鸟类却几乎不在树上活动，主要栖息于中高海拔的林下灌丛和竹林中，常常隐藏在草丛或枯枝落叶之间的地面活动，取食昆虫与一些植物性食物。性格上，栗头树莺生性活泼，跳跃不停，常单独活动，只在繁殖季节时成对活动，很少与其他鸟类混群。它们胆怯且喜欢藏身，鸣声尖锐悦耳，常常在林中鸣叫，却难以被人见到。因此，尽管常能听到清脆的鸣声，但实际看到这种小鸟并不容易，这也增添了它们的神秘感。

hè xié méi

褐胁雀鹛

俗名：小画眉

拉丁学名：*Schoeniparus dubius*

英文名：Rusty-capped Fulvetta

1 2 3 4 5 6 7 8 9 10 11 12

褐胁雀鹛是一种体长 14 厘米至 15 厘米的小型鸣禽，其头顶为棕褐色，具有明显的黑色侧冠纹，眼先为黑色，并具明显的白色眉纹，喙呈褐黑色。上体为橄榄褐色，翅和尾部为棕褐色，喉部则为白色，下体为浅皮黄色，侧腹和两胁为橄榄褐色，趾与跗跖为褐色。在昆明，当地人常称其为“小画眉”。它们栖息于常绿阔叶林、针阔叶混交林、稀树灌丛草坡及林缘耕地灌丛等多种生境，常结成小群在林下灌丛中活动，在地面腐殖层上翻动落叶觅食。主要以鞘翅目昆虫、膜翅目昆虫、鳞翅目幼虫及虫卵等动物性食物为食，也会摄取少量种子和浆果等植物性食物。在昆明植物园、黑龙潭公园、西山公园、郊野公园及三尖山等林下灌丛中，全年均有机会观察到它们的活动踪迹。

你见过它了吗？

灰眶雀鹛 (kuàng méi)

拉丁学名：*Alcippe morrisonia*

英文名：Grey-cheeked Fulvetta

1 2 3 4 5 6 7 8 9 10 11 12

灰眶雀鹛，是种体长 10 厘米至 11.5 厘米的小型林鸟，宛如森林中的精灵。它们的头顶至上背披覆着暗灰色的羽毛，细腻的褐色渲染为其增添了层次感。眼后部有不明显的暗色侧冠纹巧妙地延伸至上背，增添了生动的特征。背部、腰部和尾羽上覆羽呈现出橄榄棕褐色，尾羽则为深褐色，带有橄榄棕的轻微渲染。颏和喉部为淡茶黄色，腹部中央的浅皮黄色与两侧的橄榄黄褐色交融，形成和谐的色彩搭配。

它们栖息于海拔 200 米至 3000 米的多样生境，包括常绿阔叶林、针阔混交林和竹林等。在繁殖期成对活动，而在非繁殖期则以十多只的小群体或与其他小鸟混群，主要在乔木中下层活动，食物以昆虫等动物性食物为主，同时也会摄取植物性食物。在遭遇领鸺鹠等捕食者时，灰眶雀鹛会迅速通过鸣叫发出召集信号，吸引其他小鸟一起围攻，团结一致将捕食者驱逐。在昆明的各大城市公园里都能看到它们的身影。

你见过它了吗？

juān

噪鹃

俗名：栽秧雀 / 哥好雀

拉丁学名：*Eudynamys scolopaceus*

英文名：Common Koel

1 2 3 4 5 6 7 8 9 10 11 12

噪鹃是一种大型攀禽，体长 39 厘米至 46 厘米。每到夏季，昆明的白昼总能听到它高亢且穿透力强的叫声“喔哦——喔哦——喔哦——”，且音量逐渐增大，常常造成扰民现象。我们即使站在远处，也能清楚听见这清晰的鸣叫声，听久了不禁让人想要它“闭嘴”。

除了鸣叫声，噪鹃的外貌同样引人注目。雄性噪鹃羽毛整体为黑色，在阳光照射

下显现出金属般的深蓝色，搭配红色的双眼。而雌性噪鹃则全身为褐色，身上布满均匀的白色斑点。虽然我们常常能在树木茂盛的地方听到噪鹃的声音，但它们通常藏身于树冠层的枝叶间。尽管其鸣叫声经常回荡在树林中，我们往往只闻其声而难得一见。噪鹃还是一种巢寄生鸟类，通常选择喜鹊、红嘴蓝鹊等鸦科鸟类作为寄主，将自己的蛋产在它们的巢穴中，依赖其他鸟类来完成孵卵和育雏的工作。

观鸟小TIPS

尽管宠物猫和狗是人类的忠实伙伴，但它们对野生鸟类而言可能并非如此。宠物狗通常充满活力且难以保持安静，它们的吠叫或奔跑可能会惊吓到鸟类。因此，在野生鸟类栖息地遛狗时，请务必使用牵引绳，以尽量减少对鸟类和其他人的干扰。此外，自由活动的猫是天生的捕食者，会对鸟类和其他野生动物构成严重威胁，因此，请勿散养宠物猫，爱它请带它回家。

在夜间观察鸟类时，许多观鸟爱好者会借助强光手电筒来帮助发现那些在黑暗中活动的动物。但是，手电筒的使用可能会打扰到那些正在休息或睡眠中的昼行性鸟类，同时也会对夜间活动鸟类的视觉造成干扰。特别是在繁殖季节，直接用手电筒照射鸟巢有可能导致亲鸟离巢或使雏鸟因受惊吓而从巢中跌落。鉴于此，建议在夜间观察时谨慎使用手电筒，并限制其使用时间及光的亮度。例如，可以使用低亮度光源进行搜索，并避免长时间将光线汇聚在鸟类身上。

荒野篇

灌丛荒地是很多鸟类经常出没的地方，特别是秋天的迁徙季节，植物的果实和种子都是候鸟们迁徙途中的“加油站”。许多喜欢开阔环境的鸟类，性格十分羞涩，躲躲藏藏不易观察。这时候我们可以利用“叫声定位法”来寻找它们。安静地聆听它们细微的声音，然后再蹲下来慢慢靠近观察。

推荐观鸟的目的地：

福保村（官渡区）

碧谷江（东川区）

横河梁子（寻甸县）

荒野篇

牛背鹭（lù） 俗名：黄头白鹭 / 放牛郎

拉丁学名：*Bubulcus ibis*

英文名：Cattle Egret

1 2 3 4 5 6 7 8 9 10 11 12

牛背鹭，又名黄头白鹭、放牛郎，是一种中型涉禽，体长 46 厘米至 53 厘米。与白鹭相比，它的体态较为丰满，喙和颈部相对短粗。牛背鹭的羽色随季节变化。夏羽时通体白色，头颈呈橙黄色，前颈基部和背部中央长有丝状的橙黄饰羽。冬羽则变为纯白，仅个别个体头顶略带黄色，饰羽消失。它是鹭类中少见的以昆虫为主食的物种，捕食各种农业害虫，也吃蜘蛛、黄鳝和蛙类。常在农田、菜地、草场等开阔地带活动，跟随牛羊等家畜捕捉受惊的昆虫，并常落在牛背上休息，因此得名“牛背鹭”。牛背鹭依赖耕地昆虫，过度使用农药或耕作方式的变化会影响其生存。它们的出现也被视为生态环境良好的象征，能客观反映生态保护的成效。

你见过它了吗？

黑颈鹤（hè）

俗名：高原鹤 / 藏鹤 / 雁鹅

拉丁学名：*Grus nigricollis*

英文名：Black-necked Crane

1 2 3 4 5 6 7 8 9 10 11 12

黑颈鹤，俗称“高原鹤”“藏鹤”“雁鹅”，是世界上唯一一种生长、繁殖在高原的鹤类，也是我国国家一级保护动物。它们作为大型涉禽，拥有修长的颈部与双腿，外形靓丽，举止优雅。成年鸟体长可达 1.2 米左右，有“高原仙子”“高原神鸟”的雅称。黑颈鹤头顶裸露的皮肤呈红色，犹如佩戴了一顶璀璨的皇冠，在阳光下看起来非常鲜艳。其颈部羽毛、飞羽以及尾羽为黑色，其他羽毛则为灰白色，像是穿了一件优雅的礼服。它们乍看起来和丹顶鹤十分相似，二者在外形上的区别在于黑颈鹤的眼后仅有一白色斑块点缀，头部其余部分均为黑色，而丹顶鹤的眼后则具一条显著的白带（条带）。此外，在整体外形上黑颈鹤也不似丹顶鹤一般修长，显得更为壮实。云贵高原和雅鲁藏布江中游河谷均是黑颈鹤的越冬地，其中昆明的寻甸县每年冬季也会有数十只黑颈鹤前来越冬。

树鹨 (liù)

拉丁学名：*Anthus hodgsoni*

英文名：Olive-backed Pipit

1 2 3 4 5 6 7 8 9 10 11 12

鹨属鸟类种类繁多，如树鹨、山鹨、林鹨和水鹨等。然而，仅凭名称并不能准确判断它们的栖息环境。例如，出现在水边的鹨未必是水鹨，在林中发现的也不一定是林鹨，而树鹨更不意味着必须栖息在树上。尽管鹨属鸟类普遍体形小巧、外形朴素，例如树鹨体长仅 15 厘米至 17 厘米，与麻雀相仿，但仍有一些显著特征可帮助识别。树鹨最典型的特征是明显的白色眉纹，其后端断开，形成一黑一白的两个小点。此外，它们的背部呈浅绿色，胸部布满黑色纵纹，并一直延伸至腹部，这些特征在野外观察时尤为关键。树鹨常以小群体活动，行走时尾羽会不停上下摆动，遇到惊扰则迅速飞入附近树林隐蔽。它们食性广泛，食物以昆虫和植物种子为主。在昆明，城郊及城市公园的林地或稀疏林缘地带，都有机会见到它们的身影。

liáng

丝光椋鸟

拉丁学名：*Spodiopsar sericeus*

英文名：Silky Starling

1 2 3 4 5 6 7 8 9 10 11 12

如果鸟类世界需要明星代言洗发水，那么丝光椋鸟无疑是最佳选择。这种体长 18 厘米至 23 厘米的林鸟，雄鸟尤为瞩目，一头雪白、顺滑的羽冠宛如做过风靡一时的离子烫，搭配深红色的喙，更显独特魅力。相比之下，雌鸟的羽色低调许多，羽冠也不如雄鸟那般飘逸亮丽。丝光椋鸟性格活泼，喜欢三五成群地活动，有时也与其他椋鸟混群。它们以昆虫等动物性食物为主食，同时也采食种子和果实。作为常见的人居环境鸟类，丝光椋鸟善于适应并利用周围的新生事物。例如，在农田里，拖拉机翻土时，常能看到它们迅速跟上，敏捷地捕捉被翻出的蠕虫，展现出高超的生存智慧。在昆明，开阔的平原、耕地及村落周边的针阔混交林、稀疏林等人类活动频繁的区域往往能找到它们的身影。

红隼(sǔn) 俗名：蚂蚱鹰

拉丁学名：*Falco tinnunculus*

英文名：Common Kestrel

1 2 3 4 5 6 7 8 9 10 11 12

红隼体长 31 厘米至 38 厘米，是自然与城市共生的典范。这种小型猛禽身形矫健，短钩喙覆有缓冲气流的角质蜡膜，鼻突构造可稳定飞行呼吸；狭长双翼高频振动，尾羽如舵般微调姿态，使其既能悬停于数十米高空搜寻猎物，又能化作利箭直击目标。敏锐的视觉穿透云层，锁定草丛间最细微的动静。它们深谙都市生存之道：夏季在乔木枝丫上编织爱巢，也会相中高楼外墙的空调架，或是将废弃花盆改造成雏鸟俯瞰城市的瞭望台。捕食策略同样灵活，晨昏时分的甲虫、偶然惊起的麻雀、墙缝游走的蜥蜴，皆可成为盘中餐。在昆明的天际线上，这些空中猎手勾勒出独特的生态图景——滇池湿地上振翅悬停的身影，居民楼顶凝望街巷的剪影，都是城市野性的诗意注脚。它们的翎羽掠过玻璃幕墙，利爪扣住钢筋水泥，以猛禽的骄傲证明：荒野从未在都市中退场，只是换作了更隐秘的存在。

你见过它了吗？

黑卷尾 俗名：铁燕子

拉丁学名：*Dicrurus macrocercus*

英文名：Black Drongo

1 2 3 4 5 6 7 8 9 10 11 12

在鸟类世界中，鲜艳的羽色往往是极具辨识度的特征，然而，有一种鸟却反其道而行之，全身乌黑发亮，透出一股刚毅之气，它就是黑卷尾。它们体长 24 厘米至 30 厘米，通体披覆有蓝黑色光泽的羽衣，尾羽修长且深深分叉，末端微微上翘，极具辨识度。飞行时，它们迅猛有力，身手矫健，因而被民间称为“铁燕子”。它们以昆虫为主食，常停栖于湿地附近的树顶或田野边的电线上，伺机猎食。一旦发现猎物，便迅速俯冲，精准捕捉后再折返高处，飞行轨迹呈优雅的“U”字形。黑卷尾不仅飞行本领高超，性格也极为勇猛，被誉为“侠鸟”。它从不欺凌小鸟，反而常仗义执言，对入侵领地的猛禽发起猛烈攻击。因此，许多小型鸟类会选择在邻近黑卷尾的区域筑巢，以借助它的英勇护卫。在昆明，黑卷尾的身影常见于滇池周边的农田等开阔地带，留心观察，或许你会看到它们身姿矫健地穿梭于田野之上，守护着自己的领地。

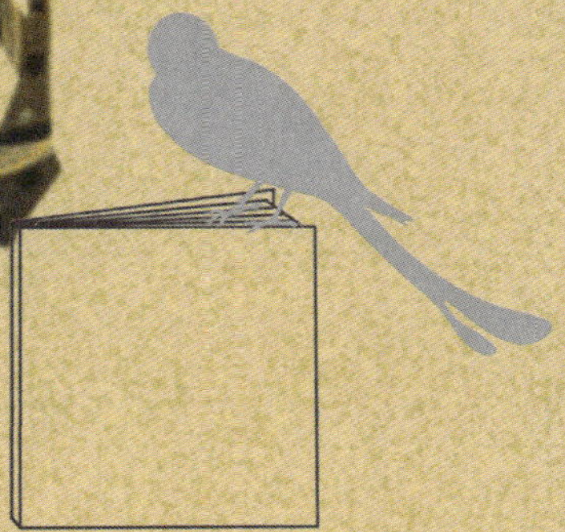

黑喉石鹡（jí）

拉丁学名：*Saxicola maurus*

英文名：Siberian Stonechat

1 2 3 4 5 6 7 8 9 10 11 12

黑喉石鹡是昆明常见的小型鸣禽，体长 12 厘米至 15 厘米。雄鸟繁殖期头、喉及背部呈黑色，颈侧具白斑，胸腹棕红色；雌鸟通体为灰褐色，喉部浅白。它们单独或成对活动于灌丛、农田等开阔地带，常静立于灌木上或高草丛顶端，伺机捕食各类昆虫。其繁殖期行为展现出惊人的环境利用能力。笔者曾记录到，在郊区路灯初亮的夜里，亲鸟会引导已离巢的幼雏移动至灯柱基部。飞蛾群聚的光晕中，成鸟穿梭捕猎，将猎物持续投喂给不断乞食的雏鸟。这种主动将后代转移至人工光源的行为，延长了每日喂食时段，更通过集中化的食物供给加速了幼鸟的发育。作为昆明的常见鸟类，黑喉石鹡的身影不仅出现在郊区的耕地和湿地，甚至在绿地公园和小区绿化带中，也有机会邂逅它们。

qú

红喉歌鸲

俗名：红点颏

拉丁学名：*Calliope calliope*

英文名：Siberian Rubythroat

1 2 3 4 5 6 7 8 9 10 11 12

红喉歌鸲是一种天性羞涩、喜爱隐藏在灌丛地面活动的小型林鸟，体长 14 厘米至 16 厘米。雄鸟有显著的白色眉纹和颊纹，喉部有一块特别亮眼的红羽，犹如一团燃烧的火焰，故而民间又称其为“红点颏”。雌鸟则朴素得多，喉部多为白色，仅部分个体喉部的白色中可见少许红色。

红喉歌鸲雄鸟善于鸣唱，声音悦耳动听。每到繁殖季，它便会用美妙的歌喉来宣告自己的领地并进行求偶活动。但也因其动听的歌声与靓丽的外观，红喉歌鸲过去一直被视为名贵的传统笼养鸣鸟而遭到大量的捕捉驯养，严重影响到其野生种群的生存繁衍。因此，在 2021 年《国家重点保护野生动物名录》更新时，红喉歌鸲被正式列为国家二级重点保护动物，受到我国法律的严格保护。如果想在昆明观察到它们，可在迁徙季节多留心城市绿化公园内的灌木丛，没准就能在不经意间与它们不期而遇。

黑头金翅雀 俗名：苏子雀

拉丁学名：*Chloris ambigua*

英文名：Black-headed Greenfinch

1 2 3 4 5 6 7 8 9 10 11 12

黑头金翅雀是一种小型鸟类，体长12厘米至14厘米。成年雄鸟通体呈橄榄黄绿色，头、翅及尾羽为黑色，飞行时可见其翅基部具宽大的亮黄色块斑，这也是其得名“黑头”与“金翅”的缘由。雌鸟似雄鸟，但头顶和脸部色浅，呈暗褐色，且头顶具黑褐色纵纹。幼鸟整体似雌鸟，通体密布黑褐色条纹。黑头金翅雀为群居性鸟类，时常集结成数十乃至上百只的大群共同行动。主要活动于针叶林、常绿阔叶林、河谷地的林缘处，也见于农田、村舍附近，喜停歇于电线及枯树上。它们主要以草籽、农作物种子为食，兼食少量昆虫和浆果。在受到惊扰时，黑头金翅雀往往迅速飞离并发出独特的“it-it-it-it-it”鸣叫声，让人在远处便能轻易地辨识。在昆明滇池周边的农田，以及一些市郊公园、城市绿地等处均能观察到它们。

你见过它了吗？

白腰文鸟

拉丁学名：*Lonchura striata*

英文名：White-rumped Munia

1 2 3 4 5 6 7 8 9 10 11 12

白腰文鸟是一种小型鸣禽，体长 10 厘米至 12 厘米。上喙黑色，下喙暗蓝灰色，上胸至头、上体、尾羽以及尾下覆羽颜色均以栗褐色为主。翼上具棕白色羽干细纹，腹部为污白色，腰部白色，在视觉上就像是在栗褐色的身体上系了一条白腰带，使得整体外观更加引人注目。白腰文鸟主要栖息于田坝区和丘陵、低山地带的林缘、灌木、草丛等地。它们性好结群，除繁殖期成对活动外，其他时间多成群活动，常常能观测到它们形成数十只的大群共同行动。白腰文鸟主食植物种子，尤其钟爱稻谷、麦粒等农作物，兼食少量昆虫和浆果。每当稻谷、小麦、黍子等农作物成熟时节，常可观察到白腰文鸟成群飞入田间采食种子。在昆明想要观察它们，可以在秋收季节去郊区稻田寻觅。此外，各大高校的试验田也是一个不错的选择。

黑翅鸢（yuān） 俗名：灰鹞子

拉丁学名：*Elanus caeruleus*

英文名：Black-winged Kite

1 2 3 4 5 6 7 8 9 10 11 12

黑翅鸢，俗称“灰鹞子”，是一种小型猛禽，也是我国国家二级保护动物。它体长 31 厘米至 37 厘米，上体灰白，下体洁白，眼周黑斑如微微上挑的丹凤眼，虹膜炽烈如火，英气逼人。它们飞行技巧高超，捕猎时常在低空盘旋寻找猎物，发现踪迹后擅长振翅悬停进行精准锁定。在彻底锁定了目标后，它们直扑而下，动作干脆利落，堪称猛禽界的“空中刺客”。在昆明，黑翅鸢栖息于原野、农田、疏林和草原，常立于树梢、电线杆等制高点警戒四周。作为猛禽中的“白马王子”，黑翅鸢以其简洁的黑白配色、凌厉的血色虹膜、强健的喙爪和精湛的狩猎技巧，展现出独特的魅力。若有幸见到它凌空翱翔的英姿，你一定会为它的风采而折服。

你见过它了吗？

小云雀 俗名：叫天天 / 告天子 / 朝天柱

拉丁学名：*Alauda gulgula*

英文名：Oriental Skylark

1 2 3 4 5 6 7 8 9 10 11 12

小云雀是一种栖息于开阔草地、山坡耕地和田野的小型鸣禽，体长 14 厘米至 16 厘米。头顶具可竖起的短羽，形成冠状。雌雄外观相似，难以区分。其背部羽色与枯草相近，有助于隐蔽自身，躲避捕食者。最外侧一对尾羽近乎纯白，而白色后翼缘较小，飞行时不易察觉，可借此区别于云雀。它们繁殖期成对活动，其他时间多以小群在地面觅食，主要摄食昆虫、植物种子和浆果，同时吞食砂石以助消化。小云雀擅于高飞鸣唱，常突然从地面垂直升空，如直升机般炫耀飞行技术。在腾空入云的同时，它们高声鸣唱，声音清亮悦耳，因此被称为“告天子”“朝天柱”。但也因此，它们曾被一些人捕捉用于笼养观赏，这对其种群造成了一定的影响。在昆明寻甸等高山草甸处仍可见到它们的踪迹。

白尾鹞（yào）

俗名：鹞子

拉丁学名：*Circus cyaneus*

英文名：Hen Harrier

1 2 3 4 5 6 7 8 9 10 11 12

白尾鹞是一种中型猛禽，体长 43 厘米至 54 厘米。成年雄鸟头至上胸、上背、尾羽均为灰色，下体为白色，初级飞羽为黑色，具翼指五枚，这种黑白对比使其在空中飞翔时极为显眼。雌鸟整体灰褐色，腹面淡褐色具纵纹，下腹及尾下覆羽具心形斑，翼下具三条明显的黑粗横带。此外，其腰部及尾上覆羽为纯白色，这是其最为显著的特征之一。白尾鹞具有高超的捕猎技巧，主要以小型鸟类、鼠、蛙、蜥蜴和大型昆虫为食。它们通常采取低空巡飞的方式，在开阔的草原及沼泽湿地上空低空搜寻猎物。一旦发现目标则立即快速降落，一个猛子扎进草丛，转眼间就能捕获猎物。昆明如果想要观察白尾鹞，可以尝试前往滇池及其周边的湿地、草地和农田寻找。

恭喜你
成为“观鸟小百”

参考文献

[1]刘阳，陈水华．中国鸟类观察手册 [M]. 长沙：湖南科学技术出版社，2021.

[2]杨岚等，云南鸟类志：上卷：非雀形目 [M]. 昆明：云南科技出版社，1994.

[3]杨岚等，云南鸟类志：下卷：雀形目 [M]. 昆明：云南科技出版社，2004.

[4]约翰·马敬能，卡伦·菲利普斯．中国鸟类野外手册（中英文本）[M]. 卢何芬，译．长沙：湖南教育出版社，2000.

[5]宋晔，闻丞．中国鸟类图鉴：猛禽 [M]. 福州：海峡书局，2016.

[6]章麟，张明．中国鸟类图鉴：鸻鹬 [M]. 福州：海峡书局，2018.

[7]赵正阶．中国鸟类志：上卷：非雀形目 [M]. 长春：吉林科学技术出版社，2001.

[8]赵正阶．中国鸟类志：下卷：雀形目 [M]. 长春：吉林科学技术出版社，2001.

[9]郑光美．中国鸟类分类与分布名录（3版）[M]. 北京：科学出版社，2017.

[10]郑光美．鸟类学（第2版）[M]. 北京：北京师范大学出版社，2012.

[11]昆明市朱雀鸟类研究所．中国观鸟记录中心 [DB/OL]. [2024-12-18]. http://www.birdrecord.cn/.

[12]国家林业和草原局，农业农村部．国家重点保护野生动物名录（2021年2月1日修订）[J]. 野生动物学报，2021, 42(2): 605-640.

[13]和兰娣，支国强．昆明市生物物种名录（2021版）[M]. 昆明：云南人民出版社，2022.

观鸟记录（范例）

鸟名：

绿背山雀

发现点：西山

所在位置：树梢

天气情况：晴

发现日期：2024-12-01 10:30

观察笔记：

整体黄绿色，麻雀大小，成对活动于鸟浪中，叫声清脆，在林间活动较为活跃，观察起来有一定难度。

观鸟记录 城市

鸟名：

发现点：

所在位置：

天气情况：

发现日期：

观察笔记：

观鸟记录 湿地

鸟名：

发现点：

所在位置：

天气情况：

发现日期：

观察笔记：

观鸟记录 森林

鸟名：

发现点：

所在位置：

天气情况：

发现日期：

观察笔记：

观鸟记录 荒野

鸟名：

发现点：

所在位置：

天气情况：

发现日期：

观察笔记：